단백질이란 무엇인가

'생명'이라는 드라마의 주연자

후지모토 다이사부로 지음
박택규, 손영수 옮김

전파과학사

차례

아미노산 일람표

3문자 기 호	1문자 기 호	아미노산의 명 칭	물과의 친숙성 소수성 ←——————→ 친수성
Ala	A	알라닌	●(소수성 쪽)
Arg	R	아르기닌	●(친수성 끝)
Asn	N	아스파라긴	●(친수성 쪽)
Asp	D	아스파르트산	●(친수성 쪽)
Cys	C	시스테인	●(소수성 쪽)
Gln	Q	글루타민	●(친수성 쪽)
Glu	E	글루탐산	●(친수성 쪽)
Gly	G	글리신	●(중간)
His	H	히스티딘	●(중간)
Ile	I	이소루이신	●(소수성)
Leu	L	루이신	●(소수성)
Lys	K	리 신	●(친수성 끝)
Met	M	메티오닌	●(소수성 쪽)
Phe	F	페닐알라닌	●(소수성 끝)
Pro	P	프롤린	●(소수성 쪽)
Ser	S	세 린	●(친수성 쪽)
Thr	T	트레오닌	●(중간)
Trp	W	트립토판	●(소수성 끝)
Tyr	Y	티로신	●(소수성)
Val	V	발 린	●(소수성 쪽)

＊ Levitt에 의함

제1장
생체 속에서 단백질은 다채로운 작용을 한다

단백질은 왜 중요한가?

단백질이 중요한 것이라는 것쯤은 누구나 다 알고 있다. 심지어 필자의 아내조차도 알고 있다. 그래서 왜 중요하냐고 물어보았다.

「단백질을 먹지 않으면 인간이 살아갈 수 없기 때문에 그렇잖아요」

라고 대답했다. 다른 사람에게 굳이 질문을 해본 적은 없지만, 아마 대부분의 사람이 같은 대답—즉, 단백질은 영양소로서 필수적이기 때문에 중요하다고 대답할 것 같다.

물론 단백질은 영양소로서 중요하다. 영양학이나 요리책을 펼쳐 보면, 우리나라의 성인은 하루에 체중 1kg당 남자는 1.24g, 여자는 1.20g을 섭취해야 한다고 쓰여 있다. 그리고 성장이 왕성한 아이들의 경우는 그보다 더 필요하고, 또 임산부나 아기에게 젖을 먹이는 어머니도 보통보다 더 많은 단백질을 취해야 한다고 한다. 머리를 쓰는 수험생도 단백질을 많이 섭취해야 한다든가, 술을 마실 때는 단백질이 많은 안주를 곁들여 마셔야 한다는 등의 말을 자주 듣는다.

그러나 「인간은 단백질을 먹어야 한다. 그러니까 단백질은 인간에게 중요한 것이다」라고 말하는 것은 사실 옳지 않다고 하기보다는 정확한 대답이 되지 못한다고 생각된다. 우리는 단백질을 먹지 않아도 살아갈 수 있다. 이론상의 이야기이기는 하지만 단백질을 전혀 먹지 않더라도 그 대신 몇 가지 아미노산만 먹고 있다면 그것으로도 충분할 것이다.

그러나 설사 먹을 필요가 없다 하더라도 단백질은 역시 중요하다. 그것은 몸속에서 단백질이 매우 중요한 작용을 하고 있기 때문이다. 우리의 몸속에서 작용하고 있는 갖가지 생명 활동을 드라마에다 비유한다면 단백질은 바로 주연배우인 것이다.

단백질과 핵산을 갖지 않는 생물은 없다

지구 위에는 수많은 종류의 생물이 존재한다. 그것도 인간과 같은 고등한 것에서부터 바이러스(이것은 정말로 생물 속에 포함시킬 것인지 어떤지 논란이 있지만)와 같은 아주 간단한 것까지 있다. 이들 생물의 몸을 만들고 있는 물질 중에서 모든 생물에게 공통되는 것이 두 가지 있다. 그것은 단백질과 핵산 (DNA 및 RNA)이다. 만약 지구 이외의 천체에도 생물이 있다면 그것에 대해서는 알 수가 없지만 지구 위의 생물에 관한 한 단백질과 핵산을 갖지 않은 생물은 없다. 바꿔 말하자면 단백질과 핵산이 생명의 기본적인 담당자인 것이다. 그리고 덧붙여 말하면 인간은 핵산을 식사로서 섭취할 필요가 없다.

그렇다면 단백질과 핵산은 어느 쪽이 더 중요할까? 최근에 핵산, 특히 DNA는 바이오테크놀러지와의 관계에서 화려한 각광을 받고 있고, 그래서 DNA에 관한 책도 많이 출판되어 있다. 그에 비해 단백질에 관한 일반인을 대상으로 하는 책은 의외로 적다. 그것이 이 책을 계획한 목적이다.

그런 까닭으로 인기에 있어서는 핵산이 단백질에 밀리는 듯하지만, 단백질과 핵산의 중요성에 대한 우열은 도저히 판정할 수가 없다. 핵산과 단백질은 수레의 두 바퀴모양 그 중요성을 자리다툼할 수가 없기 때문이다.

단백질에는 매우 많은 종류가 있다

〈표 1-1〉은 세포의 성분표이다. 생물의 세포 속에 가장 많이 들어 있는 물은 전체의 70% 정도를 차지하며, 물을 제외하고 가장 많이 있는 성분인 단백질은 보통 세포의 15~20% 정도를 차지하고 있다.

다음으로 종류를 살펴보자. 대장균의 세포에는 약 3,000종류의 단백질이 있나. 그러나 DNA로 말하녇 한 종류이고, RNA는 약 1,000종류, 당질은 약 50종류, 지방질은 약 40종류, 작은 분자의 유기물은 약 500종류, 무기 이온은 12종류이다. 그러므로 종류의 풍부함으로 말한다면 단백질이 단연 수위로서, 한마디로 단백질이라고 하지만 거기에는 매우 많은 종류가 있는 것이다.

대장균과 같은 생물은 한 개의 세포로 이루어져 있지만 인간과 같은 고등한 생물은 수많은 세포로 이루어져 있다. 그 세포도 한 종류가 아니다. 간에는 간에 특유한 몇 종류의 세포가 있고, 뇌에는 뇌에 특유한 근육에는 근육에 특유한 세포군이 있다. 그리고 중요한 사실은 세포의 종류가 다르면 그 속에 존재하는 단백질의 종류와 수도 달라진다는 점이다.

물론 각 세포에는 공통적인 단백질도 있지만 어떤 세포에게만 있는 단백질도 있다. 또 어떤 종류의 세포에는 많이 있고, 다른 종류의 세포에는 조금 밖에 없는 단백질도 있다. 그리고 인간의 전체적인 단백질 종류는 대장균 속의 종류보다 훨씬 많은 약 10만 종류나 있다.

한편 생물의 종류가 다르면 거기에 함유되는 단백질도 또 달라진다. 이를테면 인간과 돼지에서는 작용상으로 똑같은 단백

〈표 1-1〉 세포의 성분표(%)

성분	대장균	쥐의 간세포
물	70%	69%
단백질	15%	21%
핵산		
DNA	1%	0.2%
RNA	6%	1.0%
당질	3%	3.8%
지방질	2%	5.5%
소분자유기물 (아미노산, 클레오티드 등)	2%	?
무기질	1%	0.4%

질이 공통으로 있지만, 그 구조가 비슷하면서도 약간 다른 것
이 보통이다. 그리고 인간과 대장균의 단백질에서는 그 차이가
보다 커진다. 그러므로 지구 위에는 엄청나게 많은 종류의 단
백질이 존재하는 것이 된다.

이것은 레닌저(A. L. Lehninger) 박사의 유명한 교과서 『생화학』
에 실려 있는 이야기지만 지구 위의 생물의 종은 약 150만 종
류이며, 각각이 수천 종류에서부터 10만 종류의 단백질을 가지
고 있어 지구상의 전체 단백질의 종류는 1조 종류에 이른다고
한다. 참고로 인간이 여태까지 화학 실험실에서 만든 물질의
종류는 기껏 100만 종류라고 하는데, 이 두 개의 숫자를 비교
해 보면 생명의 복잡함, 신비함에 새삼 놀라게 된다.

이상으로 단백질은 양적으로나 종류에 있어서나 단연코 많은
생체성분이라는 것이 확실해졌다. 그렇다면 단백질은 체내에서
과연 어떤 작용을 하고 있을까?

한마디로 말하자면 단백질은 생명활동의 실제적인 담당자다.

예를 들어, 음식물을 먹는 일을 생각해 보기로 하자. 음식물을 입으로 운반하거나 씹거나 하는 것도, 먹은 음식물을 소화하는 것도, 소화물을 체내로 섭취하고 운반하는 것도, 그것을 연료로 하여 에너지를 만들거나 몸의 부품을 만들거나 하는 것도 모두 단백질의 작용이다.

어떤 의미에서 단백질은 바로 생명 그 자체이기도 하다. 간이 간의 기능을 하는 것도, 근육이 근육의 기능을 갖는 것도, 따지고 보면 간에는 간 특유의 단백질이 있고, 근육에는 근육 특유의 단백질이 있기 때문이라고 말할 수 있다. 그렇다면 핵산인 DNA와 RNA가 나설만한 자리가 없지 않느냐고 말할지 모르나, 핵산은 세포가 이들 단백질을 어김없이 만들어 내게 하는 메커니즘과 관계하고 있다. 이 점에 대해서는 제5장에서 자세히 설명하기로 한다.

어쨌든, 생명활동의 표면에 나와서 활약하는 것은 단백질이다. 단백질과 핵산을 수레의 두 바퀴에 비유했는데 정확하게 말하면 단백질이 주연배우이고 핵산은 드라마의 시나리오(각본)에 해당한다. 덧붙여 말한다면 지방질은 무대장치라고나 할 것이다.

그러면 좀 더 자세히 단백질의 작용을 살펴보기로 하자.

효소―생체 내에서의 화학반응을 촉매

우선 눈에 띄는 것은 체내에서 일어나는 화학반응의 촉매 역할을 지니는 한 무리의 단백질로서, 이것은 효소(enzyme)라고 불리고 있다. 촉매란 그 자신은 화학변화를 받지 않으면서도 어떤 화학반응을 촉진시키는 작용을 하는 물질을 말한다.

생물의 몸은 일종의 화학실험실이나 화학공장과 같은 것으로서 수천 종류의 화학반응이 그 속에서 일어나고 있다. 그러나 보통의 화학공장이나 화학실험실에서의 화학반응과는 다른 점이 몇 가지 있다.

화학실험실이라고 하면 어떤 광경을 생각하게 될까? 예를 들어 괴수 따위가 나오는 TV 드라마나 영화에는 몹쓸 나쁜 화학자의 실험실이 자주 등장한다. 그런 화학자는 대개 수염이 더부룩하고, 병으로부터 황산과 같은 극약을 플라스크 속에 부어 가스버너로 가열하거나 한다. 그러면 플라스크로부터 괴상한 연기가 뭉게뭉게 피어오르고, 화학자는 연기를 나선모양의 유리관으로 이끌어 냉각시킨다.

이런 장면은 화학실험실의 풍경으로서 그다지 별난 것이 아니다. 가열하고 있는 것은 반응의 속도를 높여주고 있는 것이며, 또 물속보다도 에테르나 알코올 속에서 반응을 시키기 때문에 용매가 증기로 되어 빠져나가지 못하도록 냉각장치를 쓰고 있다. 반응에 진한 황산이나 알칼리를 쓰는 것도 흔히 하는 방법이다.

그런데 몸속의 화학반응에서는 가스버너도 진한 황산도 에테르도 필요하지 않다. 반응은 37℃ 정도의 낮은 온도에서 이루어지며, 게다가 대부분의 반응이 pH가 중성인 물속에서 일어나고 있다. 몸속이 아니고서는 이런 조건 아래서 반응을 진행시킨다는 것이 매우 어렵다.

그렇다면 왜 몸속에서는 화학반응이 잘 진행되느냐고 하면, 그것은 효소라고 하는 반응촉매가 있어서 화학반응을 촉진시키기 때문이다.

어느 정도로 반응을 촉진시키느냐 하는 것은 효소에 따라 다르지만, 효소가 없을 때와 비교하여 10^7(1000만)배에서 10^{20}배 (1조 배의 1억 배!!) 정도 빠르게 화학반응을 할 수가 있다고 한다. 즉, 촉매 없이는 사실상 진행되지 않는 화학반응도 효소가 있으면 순조롭게 진행하게 된다.

다른 표현으로 효소의 능력을 나타내어 보자.

한 예로 카탈라아제(catalase)라는 효소가 있는데 이 효소는 과산화수소를 물과 산소로 분해하는 효소이다. 카탈라아제의 분자 한 개는 1초 사이에 무려 9만 개의 과산화수소 분자를 분해하는 능력을 지니고 있다고 한다. 그러므로 100㎖의 소독 약(3%의 과산화수소를 포함)에 1㎎의 카탈라아제를 넣으면, 5 분이면 모조리 분해해 버리는 계산이 나온다. 사실상 카탈라아 제는 효소 중에서도 강한 부류에 속한다.

게다가 더 중요한 일이 있다. 그것은 일정한 효소는 정해진 어떤 특별한 반응 밖에 촉진시키지 않는다는 점이다.

효소의 특이성이란 무엇일까?

밥의 주성분인 녹말을 분해하여 포도당(glucose)으로 만드는 반응을 생각해 보자. 화학자가 연구실에서 이 실험을 한다고 하 면 녹말에 황산이나 염산을 가하여 가열하게 된다. 이 조작으로 녹말은 확실히 분해되어 포도당이 되지만 녹말과 비슷한 다른 물질도 똑같이 분해된다. 이를테면 종이의 주성분인 셀룰로오스 도, 구약나물의 주성분인 만난(mannan) 등도 그러하다. 심지어 는 구조가 전혀 다른 단백질이나 핵산도 분해되어 버린다.

사람이 밥을 먹었을 때는 아밀라아제 등의 효소가 작용하여

효소, 결합 단백질, 항체 등에는 특이성이 있다

녹말을 분해한다. 물론 37℃ 라는 낮은 온도에서 반응이 순조롭게 진행되며, 아밀라아제는 녹말만을 분해한다. 같은 한 무리의 물질이라도 셀룰로오스나 만난에는 작용하지 않으며, 단백질이나 핵산에도 물론 작용하지 않는다.

효소가 어떤 특정 물질만을 선별하여 작용하는 성질을 효소의 특이성(特異性)이라고 부른다. 또 효소의 작용을 받아서 화학반응을 일으키는 물질을 기질(基質)이라고 부르는데, 효소와 기질과의 관계는 흔히 열쇠와 열쇠구멍에 비유된다.

생물의 세포나 체내에는 수천 종류의 효소가 존재하며 각각이 역할을 분담하여 어느 특정한 반응만을 촉매한다. 이것이 생체 속에서 수많은 복잡한 화학반응이 혼란 없이 정연하게 이루어지고 있는 비밀인 것이다. 화학자에게 있어서 이것은 정말로 신기한 일이다. 그러므로 많은 화학자들이 효소의 비밀을 알아내어 흉내 내려 하고 있는 것이다.

효소의 이름을 붙이는 방법

각각의 효소에는 이름이 붙어 있다. 같은 효소가 다른 이름으로 불리거나, 한 개의 효소라고 생각하고 있었던 것이 몇 개의 효소가 집합된 것이었거나 하여 역사적으로 여러 가지 혼란이 있었다. 현재는 국제 생화학 연합 아래에 효소를 명명하는 위원회가 있어 여기서 정리를 하고 있다. 효소는 그 작용에 의하여 분류되고, 촉매하는 반응에 따라서 이름이 붙여지며 또 번호가 주어진다. 이를테면 알코올로부터 수소를 제거하여(탈수소반응) 알데히드로 변환하는 효소가 알코올 데히드로게나제(dehydrogenase)인데, 이것은 1·1·1·1 이라는 등번호를 갖고 있다.

대부분의 효소는 아제(ase)라는 끝말로 끝나고 있다. 우리는 -ase라는 단어를 보면 금방 효소를 연상한다. 이전에는 disease(병)라는 철자를 보고 그만 효소의 하나라고 착각한 적이 있다. 효소 중에는 아제가 붙어 있지 않은 것도 일부 있다. 단백질을 분해하는 소화 효소에는 트립신이니 펩신이니 하는 「아제」가 붙지 않은 것이 많다. 달걀의 흰자위 속에 있으며 박테리아의 세포벽을 녹이는 리조짐(lysozyme)이라는 효소도 「아제」가 붙지 않는다.

참고로 필자가 발견하여 등번호를 받은 효소가 딱 한개 있다. 그것은 3·5·1·21 N-아세틸-β-알라닌 데아세틸라제(deacetylase)이다.

결합단백질, 운반단백질

효소라는 단백질은 특정 물질을 식별하여 작용하는 성질을 가졌다는 것을 강조해 왔다. 그러나 특정 물질을 식별하는 성질은 효소에만 있는 것이 아니다. 결합단백질이나 운반단백질도 특정 물질을 식별하여 결합하는 성질을 지니고 있다.

대표적인 운반단백질에는 헤모글로빈이 있다. 헤모글로빈은 혈액 속에 있는 붉은 색깔의 단백질로서, 잘 알려져 있듯이 산소와 결합하여 이것을 운반한다. 즉, 산소가 많이 있는 허파에서 산소와 결합하여 혈관을 통해 온몸 구석구석까지의 조직으로 산소를 운반해 간다. 그리고 산소의 소비지에 도착하면 거기서 산소를 방출한다.

헤모글로빈은 혈액 속의 적혈구에 대량으로 존재한다. 혈액으로부터 적혈구를 제외한 부분(혈청이라 불린다)은 100㎖당 산소를 0.3㎖ 밖에 녹이지 못한다. 그런데 정상 혈액, 즉, 적혈구가 존재하는 혈액은 100㎖당 무려 20㎖의 산소와 결합하여 녹여 넣을 수가 있다. 이것은 헤모글로빈 1g이 1.35㎖의 산소를 결합시킬 수가 있고, 100㎖의 혈액은 약 15g의 헤모글로빈을 가지고 있기 때문이다. 인간의 몸속에는 약 6ℓ의 혈액이 있으므로, 전체적으로 약 1.2ℓ의 산소를 유지하는 능력이 있다는 것이 된다. 엄청난 능력이다.

최근 생화학 연구논문 중에서 눈에 띄게 자주 등장하는 단백질에 칼모듈린(calmodulin)이 있다. 이것은 작고한 일본의 가키우치(垣內史朗) 박사가 1970년에 발견한 단백질로서 칼슘과 결합한다. 미량의 칼슘은 몸속 세포의 기능을 조절하는 중요한 작용을 가졌다는 것이 알려져 있다. 보통 세포 중의 칼슘의 농도는 매우 낮아서, 세포 바깥 농도의 100분의 1 정도 밖에 안 된다고 한다. 이것은 세포막에 펌프가 있어서 열심히 칼슘을 퍼내고 있기 때문이다.

그러나 세포막에 어떤 자극이 있으면 세포 내의 칼슘 농도는 일시적으로 100배까지 상승한다. 이때의 칼슘을 칼모듈린이 받아들인다. 칼슘과 결합한 칼모듈린은 성질에 변화가 일어나 어떤 종류의 효소와 결합하게 되고, 그러면 이 효소의 촉매작용이 크게 변화한다. 이와 같이 칼슘은 칼모듈린을 통하여 효소의 작용을 조절하고 있는데, 칼모듈린의 지배를 받는 효소가 연달아 발견되고 있다.

참고로 말하면 오늘날 사용되고 있는 칼모듈린이라는 이름은 발견자인 가키우치 박사의 명명에 의한 것이 아니고, 미국 학자의 제안에 의한 것이다. 칼모듈린의 발견과 명명을 둘러싸고, 일본과 미국의 연구자들 사이에 여러 가지 드라마가 연출되었다고 한다.

갖가지 호르몬, 인자(因子) 또는 약물이 생체 속에서 그 작용을 발휘하기 위한 제1단계는 세포의 표면에 있는 단백질과 특이하게 결합하는 일이라고 생각되고 있다. 이와 같은 단백질은 수용체 또는 리셉터(receptor)라고 불리는데, 역시 결합단백질의 한 무리이다.

생체를 움직이는 물질—수축단백질

동물의 가장 두드러진 특징은 움직이는 일인데 움직인다는 것은 살아있다는 것의 증거이기도 하다. 동물이 움직이는 근원은 근육의 단백질이다. 즉,, 근육을 구성하고 있는 것은 미오신(myosin), 액틴(actin), 트로포닌(troponin), 트로포미오신

수축단백질은 근육을 움직인다

(tropomyosin) 등으로 불리는 단백질이다. 근육의 세포 중에서 미오신은 굵은 실모양의 구조를, 또 액틴은 가느다란 실모양의 구조체를 형성하고 있다. 근육이 수축하는 것은 간단히 말하면 미오신의 굵은 실이, 액틴의 가느다란 실을 끌어당기는 또는 표현을 달리하면 가느다란 실이 굵은 실과 실 사이로 미끄러져 들어가기 때문이라고 설명되고 있다. 여기서도 칼슘은 자극을 전달하고 근육 수축의 방아쇠 역할을 하는 중요한 존재이다.

　액틴이나 미오신 등은 수축단백질이라고 불리고, 수축단백질은 고등동물의 운동에 관여할 뿐만 아니라, 아메바나 원충(原虫) 등 하등생물의 운동에도 관여한다.

생체의 방어에 관계하는 방어단백질
　네 번째로 소개할 그룹의 단백질은 생체의 방어에 관계하는 단백질이다. 우리의 몸에는 참으로 교묘한 장치가 많이 있는데, 그 중에서도 외적이나 외상(外傷)에 대한 방어메커니즘은 참으로 훌륭하다. 예를 들어 다치면 피가 나오는데 피는 금방 자연히 굳어져서 그 이상의 출혈을 방지한다. 만약 피가 굳어지지 않는다면 큰일이다. 그리고 피가 몸속에서 굳어져도 곤란하다.

피가 굳어지는 현상, 즉, 혈액응고는 복잡한 연쇄반응에 의해 일어나는 현상으로 몇 가지 단백질이 관계하고 있다.

피를 굳게 하는 단백질과는 다른 방어단백질로서 면역과 관계된 단백질이 있다. 대부분의 사람은 어릴 때에 한 번 홍역에 걸리면 두 번 다시 홍역에는 걸리지 않는다. 홍역에 한 번 걸리면, 몸이 홍역의 병원체를 기억하고 있어 다시 그것이 침입하더라도 금방 죽여 버리기 때문이다. 이 현상이 면역이다. 면역을 담당하는 것 중 하나는 혈액 속에 있는 항체(抗體)라고 불리는 단백질이다.

우리 몸에 자기의 체성분이 아닌 것, 즉 이물질이 침입하면 그 이물질에 특이하게 결합하는 단백질이 만들어지는데, 이것이 항체라고 불리는 단백질이다. 항체에는 그 이물(항원: 抗原이라고 한다)을 식별하는 능력이 있다.

효소, 결합단백질, 그리고 항체의 어느 것도 다 특정 상대를 인식하고, 특정 상대에게만 작용한다. 이와 같은 능력은 생명현상을 담당하는 단백질의 매우 중요한 성질이다.

독성단백질―코브라나 전갈 등의 독

방어단백질과는 반대로 공격적인 단백질이 있다. 이른바 독성 단백질이다. 코브라나 전갈은 맹독을 지니고 있는데, 그 본체 또한 단백질이다. 어떤 종류의 식물이나 박테리아도 다른 생물에게 해를 끼치는 독이 있는 단백질을 만들어 낸다. 식중독의 원인이 되는 보틀리누스균(botulinus bacillus)의 독소나, 전염병인 디프테리아균이 만드는 독소 등이 그 예이다.

　독성단백질은 인간에게 있어서 해롭기만 하고 아무 도움도 안 되느냐 하면 그렇지 않다. 이는 연구용으로 귀중한 존재가 되고 있는데, 이를테면 뱀의 독은 신경에 작용하는 것으로서 신경 연구에 큰 도움을 준다.

　물론 생물이 만드는 독이 모두 단백질은 아니다. 잘 알려진 복어 독은 테트로도톡신(tetrodotoxin)이라 하여 단백질이 아니고 복잡한 유기화합물이다.

호르몬—복잡한 대사 반응의 조정자

　어떤 단백질은 호르몬의 한 무리이다. 호르몬이란 동물의 조직 중에 미소량이 있으면서 복잡한 대사(代謝)반응을 조절하는 물질을 말한다. 이를테면 인슐린(insulin)이라는 단백질은 당의 대사를 조절하는 호르몬으로 이 호르몬이 부족하면 당뇨병이 생긴다.

　성장호르몬은 성장을 촉진하는 호르몬으로 역시 단백질이다. 이 호르몬의 분비가 부족하면 성장이 더디고 키가 자라지 않는다. 이른바 소인증(小人症)이 된다. 반대로 분비가 과다하면 거인증(巨人症)이나 말단비대증(末端肥大症)을 나타내게 된다.

　오해가 없도록 말해 두자면 어떤 종류의 호르몬은 단백질이지만 모든 호르몬이 단백질은 아니다. 단백질이 아닌 호르몬도 있는 것이다. 이를테면 남성호르몬의 테스토스테론(testosterone),

어떤 종류의 호르몬도 단백질이다—이 만화는 그것과는 관계가 없다

여성 호르몬의 에스트라디올(estradiol) 등은 단백질이 아니라 스테로이드(steroid)라고 불리는 유기화합물의 일종이다.

영양을 저장하는 저장단백질

밀크 속의 카제인, 달걀 속의 난백(卵白) 알부민, 옥수수 씨앗 속의 제인(zein) 등의 단백질은 음식물로서도 친숙한 것들이다. 이것들은 본래 씨눈(胚)이나 발생 중인 새끼에게 아미노산을 공급하기 위한 영양 저장물질인데 인간이 가로채서 먹고 있다. 이들 단백질은 저장(貯藏)단백질이라고 불린다.

체형이나 골격을 만드는 구조단백질

생물의 체형이나 골격을 만드는 것도 단백질의 주요한 역할의 하나이다. 이와 같은 역할을 지니는 단백질을 구조단백질이라 부른다.

대표적인 구조단백질에 콜라겐(collagen)이 있다. 지금까지 설명한 대부분의 단백질과는 달리 콜라겐은 몸속에서 녹은 상태로 있지 않고 섬유 상태로서 존재하며, 동물의 몸이나 장기를 지탱하거나, 결합하거나, 경계를 만들거나 하는 것이 그 역할이다.

콜라겐은 뼈, 피부, 연골, 힘줄, 혈관 벽 등에 대량으로 존재하지만 다른 장기, 즉 심장, 간, 신장 등의 장이나 기관에 있어서도 인간의 몸속에 있는 단백질 중에서 가장 많은 양이 들어 있다. 뼈나 이빨 등은 얼핏 보면 돌과 같은 무기물처럼 보이지만, 사실은 그 성분의 20~25%가 콜라겐으로서 콜라겐의 섬유 위에 인산과 칼슘이 침착하여 만들어져 있다.

대동맥의 벽이나, 관절 바깥쪽에 있으면서 관절을 지탱하고 있는 인대 등과 같은 신축성 기관에는 콜라겐과 더불어 엘라스틴(elastin)이라는 단백질이 존재하고 있다. 엘라스틴은 고무처럼 신축하는 성질을 지닌 단백질이다.

케라틴(keratin)이라 불리는 단백질은 손톱, 발톱, 머리카락, 표피 등의 주성분인 단백질로서 역시 구조단백질의 일종이다.

물론, 인간이나 고등동물에만 한정된 것은 아니다. 누에가 만드는 명주의 주성분인 단백질 피브로인(fibroin)도 구조단백질에 속한다.

다기능을 갖는 단백질

이와 같이 단백질은 여러 기능을 갖고 있다. 그 기능에 따라 효소, 결합단백질, 호르몬, 방어단백질, 독소, 수축단백질, 구조

단백질 등으로 분류할 수 있다. 그런데 이 분류표에 넣기 어려운 단백질도 있다. 첫째, 어떤 기능을 가졌는지를 잘 알 수 없는 단백질이 매우 많이 있다. 둘째, 여러 가지 기능을 갖고 있어서 쉽게 분류할 수 없는 것이 있다.

후자의 예로서 피브로넥틴(fibronectin)이라는 단백질을 소개하겠다. 피브로넥틴은 혈액 속에도 있고, 조직 속이나 세포의 표면에도 있는데, 이것은 콜리겐이나 세포의 표면 물질 등 여러 가지 생체분자와 결합한다. 그러므로 결합단백질의 하나라고 생각된다. 그러나 콜라겐과 결합하여 조직의 구축에 종사하고 있으므로 구조단백질 중에 포함하고 싶어진다. 혈액 속의 피브로넥틴은 파손된 조직이나 세균 등과 결합하여 백혈구 등이 먹기 쉽게 하는 기능을 가졌다고 말하고 있다. 그런 의미에서는 방어단백질의 하나이다. 그 밖에 세포와 형태, 이동, 증식, 암화, 암의 전이 등과도 관계가 있는 것 같다. 즉, 멀티(multi) 기능 단백질이라고도 말할 수 있겠다. 앞으로 학문이 더욱 진보하면 분류가 곤란한 단백질이 더 많이 발견될 것이다.

결론으로서 다시 한 번 되풀이 하면 단백질은 몸속에서 매우 다채로운 역할을 하고 있기 때문에「생명」이라는 드라마의 바로「주연배우」라고 말할 수 있다.

단백질이 중요하다는 이유는 나날이 빼놓지 않고 먹어야 하는 영양소이기 때문이 아니라, 생명활동의 주역이기 때문에 생명에 있어서 중요하다는 점을 강조하고 싶다.

제2장
단백질은 아미노산의 사슬로 되어 있다

단백질이라는 거대분자

단백질의 분자는 거대분자이다. 분자란 그 물질의 가장 작은 구성단위이며 원자로 이루어져 있다. 분자를 깨뜨려 그 이상으로 작게하면 그 물질의 성질은 사라진다. 분자의 크기는 보통 분자량으로서 비교한다. 이를테면 물의 분자량은 18이고, 산소의 분자량은 32, 이산화탄소는 44, 에틸알코올은 46 , 설탕은 342, 나프탈렌은 128이다. 그것에 대하여 단백질의 분자량은 가상 작은 것이라도 5,000정도이고, 보통 크기의 것은 수 만 내지 수십 만이며, 그 중에는 수백만의 분자량을 가진 것도 있다.

거대 분자라고는 하지만 관점을 달리하면 단백질의 분자는 작은 것이다. 보통 크기의 단백질 분자는 지름이 수 나노미터 (nanometer: ㎚으로 표기한다) 정도이다. 1㎚라는 것은 1㎜의 100만분의 1이다. 물론 현미경을 사용해도 관찰할 수가 없다(단백질 중에서도 큰 것은 전자현미경을 사용하면 직접 형태를 볼 수가 있다). 그러나 지금 가상의 미시적인 메스와 핀셋, 그리고 현미경이 있다고 하고 단백질의 분자를 해부해 보기로 하자.

단백질 분자를 해부한다

우선 단백질의 분자 모양을 살펴보자. 단백질의 분자 모양은 여러 가지이다. 이를테면 구조단백질의 하나인 콜라겐이나, 수축단백질의 하나인 미오신의 분자는 가늘고 길쭉한 막대모양을 하고 있다. 한편 효소의 분자는 대부분이 공 모양의 형태를 하고 있다. 자세히 살펴보면 형태가 좀 큰 효소의 분자는 공 모양의 단위(unit)가 여러 개 모여서 구성되어 있는 것을 볼 것이다. 혈액 속에 있으며 산소를 운반하는 단백질 헤모글로빈의

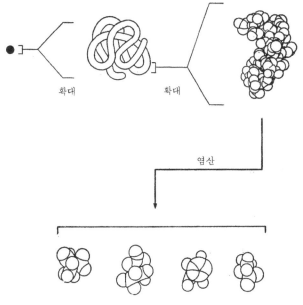

〈그림 2-1〉 공 모양의 단백질을 해부한다

분자도 공 모양의 단위 4개가 집합하여 이루어져 있다.

단백질 분자를 조용히 해부하여 보기로 하자.

공 모양이든 막대 모양이든 이들은 실제로 한 개 또는 몇 개, 때로는 수십 개의 「끈」으로써 이루어져 있다는 것을 알 수 있다. 이들 끈이 나선으로 감겨있거나 느슨한 코일 모양이 되거나, 접쳐지고 구부러지거나, 때로는 서로 얽히듯이 하여 공이나 막대 모양을 형성하고 있다.

그러면 이 끈을 가상적인 현미경으로 크게 확대하여 들여다 보기로 하자. 끈은 수많은 원자로 이루어져 있는 것이 보일 것이다. 원자는 탄소, 산소, 수소, 질소 원자가 주이고, 그 밖에

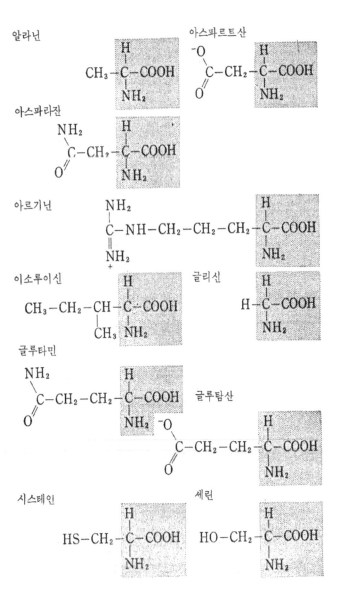

티로신

$$HO\langle\bigcirc\rangle-CH_2-\overset{\overset{\textstyle H}{|}}{\underset{\underset{\textstyle NH_2}{|}}{C}}-COOH$$

트레오닌

$$CH_3-\underset{\underset{\textstyle OH}{|}}{CH}-\overset{\overset{\textstyle H}{|}}{\underset{\underset{\textstyle NH_2}{|}}{C}}-COOH$$

트립토판

$$\overset{\text{N}}{\underset{\text{H}}{\bigcirc}}\overset{\text{C}-CH_2-}{\underset{\text{CH}}{\Vert}}\overset{\overset{\textstyle H}{|}}{\underset{\underset{\textstyle NH_2}{|}}{C}}-COOH$$

발린

$$\overset{CH_3}{\underset{CH_3}{|}}CH-\overset{\overset{\textstyle H}{|}}{\underset{\underset{\textstyle NH_2}{|}}{C}}-COOH$$

히스테인 (pH6.0)

$$\underset{\underset{\textstyle C}{\underset{\textstyle H}{|}}}{\overset{HC}{\underset{HN^+}{\Vert}}}\overset{C-CH_2-}{\underset{NH}{}}\overset{\overset{\textstyle H}{|}}{\underset{\underset{\textstyle NH_2}{|}}{C}}-COOH$$

페닐알라닌

$$\langle\bigcirc\rangle-CH_2-\overset{\overset{\textstyle H}{|}}{\underset{\underset{\textstyle NH_2}{|}}{C}}-COOH$$

프롤린

$$\overset{H_2}{\underset{H_2C}{\overset{H_2C}{\underset{\underset{\textstyle H}{N}}{\bigcirc}}}}\overset{C}{\underset{}{}}C-COOH$$

메티오닌

$$CH_3-S-CH_2-CH_2-\overset{\overset{\textstyle H}{|}}{\underset{\underset{\textstyle NH_2}{|}}{C}}-COOH$$

리신

$$\overset{+}{H_3N}-CH_2-CH_2-CH_2-CH_2-\overset{\overset{\textstyle H}{|}}{\underset{\underset{\textstyle NH_2}{|}}{C}}-COOH$$

루이신

$$\overset{CH_3}{\underset{CH_3}{|}}CH-CH_2-\overset{\overset{\textstyle H}{|}}{\underset{\underset{\textstyle NH_2}{|}}{C}}-COOH$$

〈그림 2-2〉 단백질을 만드는 20종류의 아미노산

군데군데에 황 원자가 있을 것이다. 얼핏 보기에는 이들 원자의 집합 방법이 복잡하여 규칙성 따위는 자세히 알 수 있을 것 같지도 않다.

그래서 이 끈을 염산 속에 담가 가열해 본다. 끈은 사방으로 흩어져서 수많은 구슬로 갈라진다. 즉, 끈은 수많은 구슬이 목걸이나 염주처럼 연결되어 있었던 것이다. 구슬에는 큰 것도 작은 것도 있지만 평균적으로는 분자량이 100정도이고, 그것은 탄소, 산소, 질소, 수소의 원자를 포함하고 있다. 그 중에는 황 원자를 갖는 것도 있다.

이 구슬이 아미노산이다. 즉, 단백질 사슬은 아미노산이라고 하는 구성단위가 수많이 연결하여 이루어진 것이다.

단백질의 구성단위—아미노산

단백질을 만들고 있는 아미노산은 기본적으로 20종류가 있다. 좀 더 자세하게 말하면 염산으로 분해한 때에는 17종류 정도 밖에 생기지 않는다. 염산과 함께 가열하고 있는 동안에 파괴되어 버리는 아미노산이 있기 때문이다. 그러나 단백질을 분해하는 효소를 몇 종류 조합해 사용하여 단백질을 분해하면 정확하게 20종류의 아미노산을 얻을 수가 있다.

〈그림 2-2〉는 단백질 속에 있는 아미노산의 일람표이다. 천천히 한번 살펴보아 주기 바란다. 들어 본 적이 있는 이름도 있을 것이다. 화학조미료에 사용하는 글루탐산(실제로 조미료에 들어 있는 것은 이것의 모노나트륨염) 등은 대부분의 사람들이 알고 있는 이름일 것이다.

여기에 나타낸 아미노산 이름은 영어 발음과는 다르다. 예를

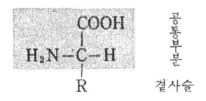

〈그림 2-3〉 아미노산의 구조식

들어 리신을 영어로 발음하면 라이신이 되고, 티로신은 타이로신이 된다. 미국에서 공부하고 온 분이 아이소류신(이소루이신)이라고 발음하는 것을 처음 듣는 사람은 처음에는 「무슨 소리인가」하고 의아해한다.

아미노산의 구조

〈그림 2-2〉의 아미노산 구조식을 다시 한 번 살펴보자. 간단한 구조를 한 아미노산이 있는가 하면 복잡한 구조를 한 것도 있다. 그러나 어느 아미노산에도 공통적인 기본 구조가 있다. 즉, 아미노산의 일반적인 구조식은 〈그림 2-3〉과 같이 나타낼 수 있다. NH_2는 아미노기, COOH는 카르복시기라고 불리는 원자단(原子團)이다. 각각의 아미노산은 R부분이 다르다. 이 R로서 나타내어지는 부분은 곁사슬(side chain: 側鎖)이라고 불린다.

다만, 프롤린(proline)만은 이 일반식에서부터 약간 벗어나 있다. 즉 아미노기와 곁사슬이 연결되어 고리를 만들고 있다.

어느 대학에서 생체 성분에 대한 화학 강의를 하고 있던 때의 일이다. 시험에 아미노산의 구조식을 모조리 쓰게 한다는 소문이 퍼졌던 모양이다. 물론 필자는 그런 문제를 내지 않았다. 어느 귀엽게 생긴 여학생이 항의를 하였다.

「너무 하세요, 교수님. 저는 아미노산의 구조식을 화장실 벽에다 붙여놓고, 아침저녁으로 바라보면서 몽땅 외어 왔잖아요」

아미노산의 소수성과 친수성

20종류의 아미노산에는 여러 가지 성질의 차이가 있다. 지금 곁사슬의 물에 대한 친숙성을 논의해 보기로 하자. 이렇게 한 것은 물이란 신체나 세포의 약 70%를 차지하는 성분이고 거의 모든 단백질이 물에 녹아 있던가, 물과 접해 존재하고 있기 때문이다. 그러므로 물과의 관계는 단백질의 구조나 작용을 생각하는데 있어 매우 중요한 문제이다. 물 없이는 생명이 있을 수 없듯이, 단백질이나 그 구성 요소인 아미노산도 물을 빼고서는 말할 수 없다.

어떤 물질과 물과의 관계를 생각할 때 그것이 물과 친숙하기 쉬운 성질을 가지고 있느냐, 물과 친숙하기 어려운 성질을 가지고 있느냐 하는 것은 중요한 문제가 된다. 물과 친숙하기 힘든 성질을 가진 물질로서 대표적인 것은 기름이다.

「물과 기름」이라는 말이 있듯이 기름은 물과 친숙하지 않고 아무리 섞어도 금방 갈라져서 두 개의 층을 형성한다.

에테르, 벤젠, 클로로포름 등 이른바 유기용매로 일컬어지는 시약류도 마찬가지로 물과 섞이지 않는다. 그런데 기름은 에테르 등 유기용매에 자유로이 섞여지며 유기용매끼리도 섞인다. 물과 친숙하지 않은 성질을 소수성(練水性)이라고 하는데 영어로는 하이드로포빅(hydrophobic)이라고 한다. 참고로 하이드로포비아(hydrophobia)란 공수병(광견병)을 말한다.

한편, 소금이라든가 설탕 등은 물과 친숙하기 쉬운 성질을 가지며 물속에 넣으면 자꾸 녹아서 균일한 용액으로 되어 버린다. 이와 같은 성질이 친수성(hydrophilic)이다.

아미노산의 곁사슬에 대하여 말하면 소수성인 것도 친수성인 것도 있다. 20종류의 아미노산이 가진 소수성의 정도를 어떤 척도로서 계측해 보면 이 책의 앞부분에 보인 도표처럼 된다. 커다란 탄화수소 사슬의 곁사슬(발린, 루이신, 이소루이신 등)이나, 방향족 고리의 곁사슬(트립토판, 페닐알라닌)은 소수성의 정도가 높다. 반대로 수산기의 곁사슬(세린, 트레오닌)과 아미드의 곁사슬(글루타민, 아스파라진)은 소수성의 정도가 낮다. 플러스로 하전한 곁사슬(리신, 아르기닌)과 마이너스로 하전한 곁사슬(아스파르트산, 글루탐산)은 더욱 더 소수성의 정도가 낮고 친수성의 정도가 높다.

오해가 없도록 덧붙여 말하자면 지금의 이 논의는 곁사슬에 대한 것이다. 아미노산 전체에서는 공통적으로 아미노기와 카르복시기를 갖고 있기 때문에 친수성이다. 즉, 아미노산은 물에는 잘 녹고, 에테르 등에는 녹지 않는다. 뒤에서 말하겠지만 단백질 중에서는 아미노산의 아미노기와 카르복시기가 결합에 사용되어 버려 곁사슬의 성질만이 들어나게 된다. 그렇게 되면 곁사슬의 소수성과 친수성이 큰 문제로 등장한다.

아미노산의 두 가지 약기법(略記法)

단백질은 아미노산이 수십 개에서부터 수천 개가 연결된 것이다. 더구나 무질서하고 난잡하게 연결된 것이 아니라, 특정 아미노산이 정하여진 순서로 연결된 것이다. 나중에 나오겠지만, 어떤 아미노산이 어떤 순서로 연결되어 있느냐가 중요하다.

그래서 아미노산의 배열순서를 잘 표기하게 되는데 그 때에 아미노산의 이름을 하나하나 쓰고 있다가는 너무 길어져서 곤란하다. 그래서 약호가 사용된다. 그 약호도 알파벳 3문자와 1문자가 있다. 이전에는 오로지 3문자의 약호가 사용되어, 알라닌(alanine)은 Ala, 루이신(Leucine)은 Leu로 나타냈고, 대체로 처음의 3문자가 약호로 되어 있기 때문에 기억하기 쉽다.

그러나 정보가 늘어나게 되면—즉 1,000개나 아미노산을 배열하여 쓸 경우에는 3문자로도 너무 길다. 그래서 요즈음은 1문자 기호가 사용되는 경우가 늘어나고 있는 것 같다. 알라닌은 A, 루이신은 L 따위는 좋지만 글루타민은 Q, 리신은 K 따위로 나타내어 기억하기 힘든 것도 있다(책머리의 도표 참조).

아미노산에는 L형과 D형이 있다

아미노산의 구조식은 보통 평면적으로 써버리지만 이것은 사실상 편의적인 방법이고 실제는 평면적이 아니라 3차원적 구조를 취하고 있다. 아미노산의 구조는 아미노기와 카르복시기가 결합해 있는 아미노산의 두 입체적 구조는 일정한 규칙에 따라 L 형과 D형으로 구분해 부르고 있다.

매우 중요한 점은 생물의 몸에 존재하는 단백질 중의 아미노산은 모두가 L형이라는 것이다(다만 글리신에는 D와 L의 구별이 없다. 또 노화한 단백질 중에 D형의 아미노산이 발견되는 일이 있지만, 이것은 어디까지나 비정상적인 이상 상태이다). 모든 생물이 다 그러하기 때문에 지구 위의 생물은 모두 같은 기원을

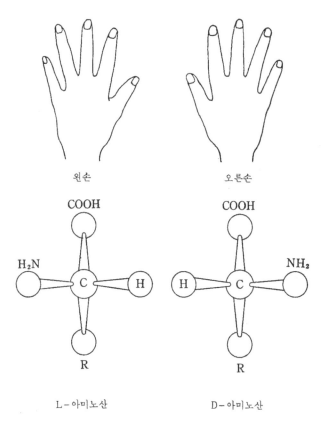

L-아미노산   D-아미노산

〈그림 2-4〉 아미노산의 L형과 D형

가지며, 거기서부터 진화하였을 것이라고 추측되고 있다.

　L형과 D형의 화합물은 녹는 점, 용해도 등의 물리적 성질이
나 화학적 반응성은 같기 때문에 좀처럼 구별하기 힘들다. 그
러나 몸속의 효소는 L형과 D형을 식별하여 L형의 아미노산만
을 이용한다. 아니 효소만이 아니다. 글루탐산의 나트륨염은 맛
이 좋아 조미료로서도 사용되는데, 혀가 맛이 좋다는 것을 느

끼는 것은 L형의 글루탐산 쪽 뿐이다.

20종류 이외에도 아미노산이 있다

단백질 중에는 사실은 20종류 이외의 아미노산도 존재한다. 이를테면 대부분의 단백질 중에는 시스틴이라는 아미노산이 있다. 시스틴은 2개의 시스테인이 가진 각각의 SH기로부터 수소원자가 떨어져 나가 S-S결합(disulfied 결합)으로 연결된 구조를 하고 있고(그림 2-5), 뒤에서 설명하듯이 단백질의 두 가닥의 사슬을 연결하는 교량 역할을 하여 단백질의 입체 구조를 유지하는 데 중요한 역할을 한다.

구조단백질의 하나인 콜라겐에는 히드록시프롤린(hydroxyproline)이라는 아미노산이 있다. 콜라겐은 동물이 가진 전체 단백질의 약 3분의 1을 차지하며, 이 콜라겐의 전체 아미노산 가운데 10%가 히드록시프롤린이다. 그러므로 히드록시프롤린을 미량성분이라고 부를 수 없다.

그러나 단백질 아미노산의 기본은 어디까지나 「20종류」의 아미노산이며, 이것들은 나중에 설명하는 것과 같이 유전자의 암호에 따라 단백질 속에 배열된다. 단백질의 사슬이 만들어진 뒤, 또는 완성되는 도중에 이들 20종류의 아미노산이 약간의 모델 변경을 받아 구조가 다소 변화하는 일이 일어나는데, 그 결과 20종류 이외의 아미노산이 단백질 중에 나타나게 된다.

시스틴은 단백질 사슬이 만들어진 뒤 1, 2개의 시스테인(cysteine)이 산화반응을 받아 생성된 것이고, 히드록시프롤린은 콜라겐 사슬 중의 프롤린이 수산화 됨으로써 생긴 것이다(그림 2-6).

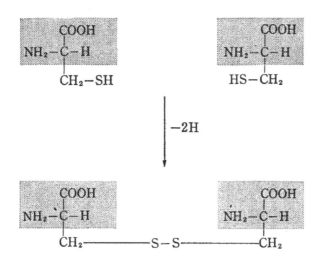

〈그림 2-5〉 시스틴은 두 개의 시스테인과 디술피드 결합으로
연결된 구조를 하고 있다

단백질 중에서는 그 밖에도 별난 종류의 아미노산이 발견되
는데 모두 20종류의 기본 아미노산으로부터 2차적으로 생성된
것이다. 〈그림 2-7〉에 예를 든 것은 매우 복잡한 구조를 한 것
이지만 콜라겐 중에 발견되는 피리디놀린(pyridinoline)이라는
아미노산이다. 이런 복잡한 구조의 아미노산도 근본을 살펴보
면 3개의 리신인 것이다.

이것은 객담(客談)이지만 어느 대학에서 필자가 내는 시험에
서는 문제가 어떻든지 간에, 무조건 피리디놀린의 구조식을 해
답 용지에 적어두면 점수를 준다는 소문이 나돌았던 것 같다.
문제에 대한 해답은 쓰지 않고, 피리디놀린의 구조를 적은 학
생이 해마다 두 셋은 나타났다. 그 사람들이 어떤 점수를 받았
는지는 비밀이다.

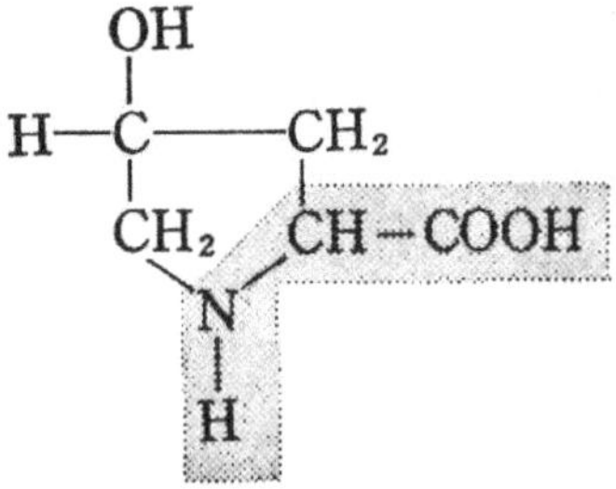

〈그림 2-6〉 히드록시프롤린(약호 Hyp)의 구조식

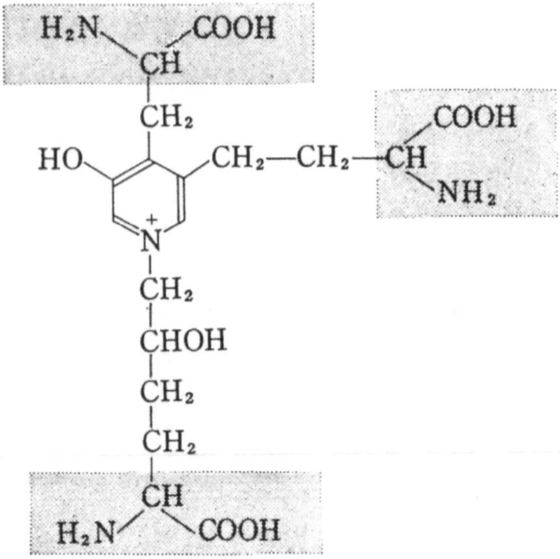

〈그림 2-7〉 피리디놀린의 구조식

아미노산을 염주처럼 연결하는 펩티드 결합

단백질 속에서 아미노산은 어떤 일정한 양식으로 결합하고 있다. 그것은 펩티드(peptide) 결합이라 불리는 결합양식으로

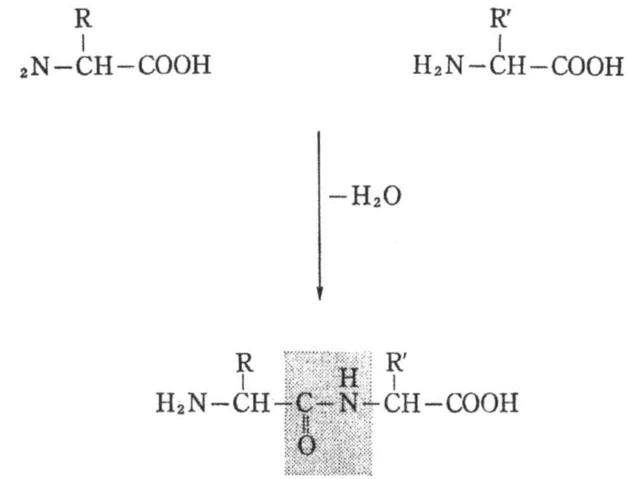

$$\begin{matrix} R \\ | \\ {}_2N-CH-COOH \end{matrix} \qquad \begin{matrix} R' \\ | \\ H_2N-CH-COOH \end{matrix}$$

$$\downarrow -H_2O$$

$$H_2N-\overset{\overset{\displaystyle R}{|}}{CH}-\underset{\underset{\displaystyle O}{\|}}{C}-\overset{\overset{\displaystyle H}{|}}{N}-\overset{\overset{\displaystyle R'}{|}}{CH}-COOH$$

〈그림 2-8〉 아미노산을 염주처럼 연결하는 펩티드 결합

서, 어떤 아미노산의 아미노기와 다른 아미노산의 카르복시기
가 반응하면서 물이 떨어져 나가는 〈그림 2-8〉과 같이 결합하
는 것이다. 단백질의 분자 속에서는 수백 개의 아미노산이 염
주처럼 연결되어 있는데, 기본적으로는 모두 펩티드 결합에 의해
연결되어 있다.

그래서 염산과 함께 가열하거나, 단백질 분해효소를 작용시
키면 물이 가해져서 펩티드 결합이 절단되고 아미노산으로 되
돌아간다. 그 때문에 이 과정을 가수분해라고 부른다.

따라서 단백질 사슬은 아미노산의 공통부분이 펩티드 결합으
로 연결되어 골격을 만들고, 거기에 곁사슬이 비쭉비쭉 돌출하
여 있다고 생각하면 된다. 단백질 사슬 속에서 어떤 아미노산
이 어떤 순서로 결합하여 있는가를 「아미노산 배열순서」 또는
「단백질의 1차 구조」라고 한다. 왜 「1차」 구조라고 하는지는

뒤에서 설명하겠다.

펩티드—아미노산의 짧은 사슬

단백질은 아미노산이 50개에서부터 수천 개가 펩티드 결합으로 연결된 것인데, 생체 속에는 아미노산의 수가 50개 이하인 짧은 사슬도 존재한다. 말하자면 단백질의 아우뻘로서 단백질과는 구별하여 펩티드(peptide)라고 불린다. 이런 펩티드는 단백질이 효소 등에 의해 절단되어도 만들어진다.

생체 속에서는 중요한 기능을 지니는 펩티드가 여러 가지 발견되고 있다. 예로부터 알려진 펩티드로서는 효소의 활성화나 생체 성분의 산화방지에 쓸모 있는 글루타티온(glutathione)이나, 뇌하수체로부터 추출된 옥시토신(oxytocin)과 바소프레신(vasopressin)이 유명하다. 옥시토신은 자궁의 근육 수축작용을 지니고, 바소프레신은 혈압상승이나 신장에 있어서의 수분 재흡수에 관계가 있다. 또한 이 바소프레신은 최근에 와서 기억과 관계가 있는 것이 아닐까 하는 말도 있다.

비교적 최근에 발견된 펩티드의 예로는 엔케팔린(enkephalin)이 있다. 엔케팔린은 마약의 일종인 모르핀(morphine)과 비슷한 작용, 즉 진통 작용이 있다.

완전히 인공적으로 만들어져서 생리활성(生理活性)이 발견된 펩티드도 있다. 말하자면 아스파르템(aspartame)이라는 펩티드는 같은 무게 설탕보다 160배나 더 달다. 그래서 이미 감미료(甘味料)로서 실제로 사용되고 있다. 소금 맛을 내는 펩티드도 연구 중에 있으나 이쪽은 아직 실용적이지 못한 것 같다. 단맛을 내는 펩티드는 비만방지, 충치예방, 당뇨병 환자의 감미료

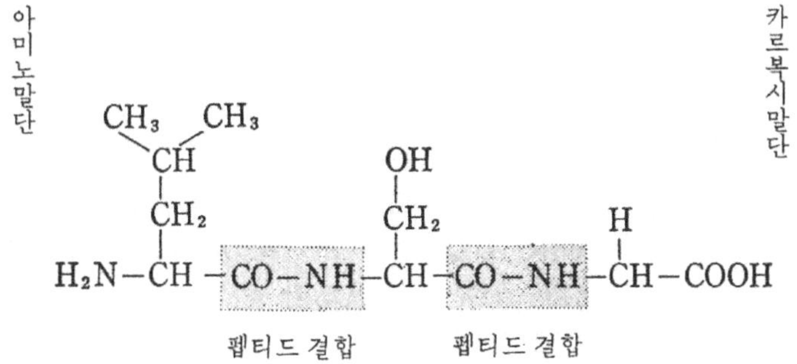

아미노말단

카르복시말단

$$CH_3 \quad CH_3$$
$$\underset{|}{CH} \qquad \underset{|}{OH}$$
$$\underset{|}{CH_2} \qquad \underset{|}{CH_2} \qquad H$$
$$H_2N-CH-\boxed{CO-NH}-CH-\boxed{CO-NH}-CH-COOH$$

펩티드 결합   펩티드 결합

읽는 방법	루이실	세린	알라닌
3 문자 기호	Leu-	Ser-	Ala
1 문자 기호	L-	S-	A

〈그림 2-9〉 펩티드의 한 예

등에 효과가 있다. 만약 소금 맛을 내는 펩티드가 완성된다면 고혈압 예방에도 효과가 있을 것이다.

아미노 말단과 카르복시 말단

지금 매우 간단한 모델로서 아미노산이 단지 3개만 연결된 펩티드를 생각해 보자. 〈그림 2-9〉에 보였듯이 루이신의 카르복시기와 세린의 아미노기가 결합하고, 세린의 카르복시기와 알라닌의 아미노기가 결합하였다고 하자. 그러면 루이신의 아미노기만은 결합할 상대가 없기 때문에 그대로 남아 있다. 또 알라닌의 카르복시기도 상대가 없기 때문에 남아 있다.

이 예는 3개의 아미노산으로 구성되는 작은 사슬이지만 1,000개의 아미노산으로 구성되는 긴 사슬에서도(고리 모양으로 되어 있지 않은 한) 사정은 마찬가지이다. 반드시 말단에 있는 한 아미노산의 아미노기는 결합에 관여하지 않고 남게 되고, 다른 말단의 아미노산의 카르복시기도 상대가 없는 채로 남아 있다. 아미노기가 남아 있는 말단을 아미노 말단(줄여서 N말단이라고 부르는 일도 있다). 카르복시기가 남아 있는 말단을 카르복시 말단(줄여서 C말단이라고도 한다)이라고 부르고 있다.

〈그림 2-9〉의 예에서는 루이신이 N말단의 아미노산, 알라닌이 C말단의 아미노산이다. 구조식을 모조리 적는 것은 번잡하기 때문에 보통은 N말단에서부터 아미노산의 기호를 열기(列記)하는 방식을 쓰고 있다. 아미노산의 약호는 앞에서 설명한 것과 같이 알파벳 3문자와 1문자가 있다.

〈그림 2-9〉의 예를 말로서 읽을 때는 '루이실세릴알라닌'이라고 읽는다. 영어로 적으면 leucylserylalanine이다. 일(yi)이란 그 아미노산의 카르복시기가 다음 아미노산의 아미노기와 결합하여 있다는 것을 가리킨다. 아미노산이 수백 개나 연결된 단백질의 사슬을 이런 식으로 적어나가면 엄청나게 긴 단어가 만들어질 것이다. 물론 그런 터무니없는 짓을 할 사람이야 없겠지만.

옛날 중학교에서 영어를 갓 배우기 시작했을 때 제일 길게 이어진 철자의 단어를 찾아내는 경쟁을 한 적이 있었다. 사전을 뒤져보면 확실히 20자 정도가 가장 길었던 것으로 생각된다. 그때 smiles이 제일 길다—처음과 끝 사이가 1마일이나 되

니까—는 농담을 선생님으로부터 들은 적이 있다. 어쨌든 아미
노산을 길게 이어나가면 굉장히 긴 단어가 될 것이다.

아미노산의 배열순서를 결정한다

단백질의 아미노산 배열순서를 최초로 결정한 사람은 영국의
생화학자인 생거(F. Sanger)이다. 그때 결정된 단백질은 당대
사의 조절에 관계하는 호르몬인 인슐린이었다. 〈그림 2-10〉에
소의 인슐린 아미노산 배열순서가 쓰여 있다(아미노산 배열순
서 결정법에 대해서는 제3장에서 설명한다).

인슐린은 단백질 중에서 가장 작은 것 중의 하나로 모두 51
개의 아미노산으로 이루어져 있다. 아미노산은 두 가닥의 사슬
을 구성하고 있고, A사슬이라 불리는 사슬은 시스틴의 디설피
드 결합으로 되어 있다(A · B사슬 사이뿐만 아니라, A사슬의
내부에 있어서도 시스틴의 디설피드 결합이 형성되어 있다). 덧
붙여 말하면, A사슬의 아미노 말단은 글리신, 카르복시 말단은
아스파라진, 또 B사슬의 아미노말단은 페닐알라닌, 카르복시
말단은 알라닌이다.

생거는 이 업적에 의해 1958년에 노벨 화학상을 수상했다.
세상에는 정말 뛰어난 사람이 있다. 그 후 생거는 다시 DNA
의 염기배열 순시결정법을 창안하여 훌륭한 업적을 올렸다. 그
리하여 1980년에는 두 번째 노벨 화학상을 수상하였다.

1953년에 인슐린의 아미노산 배열순서가 결정된 후, 여러
가지 단백질의 아미노산 배열순서에 대한 연구가 전 세계의 연
구실에서 이루어졌다. 1960년까지에는 19종류의 단백질에 대
한 아미노산의 배열순서가 결정되었고, 다시 1970년까지에는

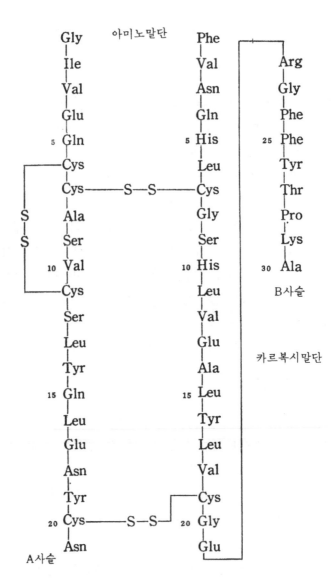

〈그림 2-10〉 소 인슐린의 아미노산 배열순서

195종류가 결정되었다고 한다. 그러나 현재는 도대체 몇 종류의 단백질 아미노산 배열순서가 알려져 있는지 필자로서는 알 수가 없고, 어쨌든 방대한 수인 것만은 확실하다.

특히 최근에는 유전자 DNA를 통하여 아미노산 배열을 결정하는 기술이 진보하여 정보가 가속도적으로 집적되고 있다. 또한 단백질의 아미노산 배열순서 결정기술도 진보하여, 미량의 것에 대해서는 자동적으로 결정하는 기계까지 판매되고 있다. 용역을 맡아서 배열순서를 결정하여 주는 회사도 있고, 데이터를 저장하여 판매하는 회사도 있다. 어쨌든 단백질의 아미노산 배열순서는 생물화학의 가장 기본적인 정보원이다.

아미노산 배열순서와 생물진화의 관계

여러 가지 단백질의 아미노산 배열순서가 결정되면서 중요한 사실을 알게 되었다. 우선 생물의 종이 다르면 아미노산의 배열 순서가 약간 다르다는 사실이었다.

〈표 2-11〉에는 인슐린 A사슬의 N말단으로부터 8, 9, 10번째의 아미노산이 제시되어 있다. 소와 돼지에서도 약간 다르고, 염소와 돼지에서도 조금 다르다. 어쩐 까닭인지 이 부분에 있어 인간과 돼지는 같다.

시토크롬C라는 단백질이 있다. 이것은 생체에서의 산화 반응 때, 전자를 운반하는 단백질로서 여러 가지 생물에 널리 존재한다. 모두 약 100개의 아미노산으로 이루어져 있는데, 이 100개의 아미노산 배열을 비교할 때 사람과 원숭이에서는 단 한 군데가 다를 뿐이다. 그러나 사람과 소에서는 10군데, 사람과 닭에서는 13군데, 사람과 파리에서는 29군데, 사람과 효모

〈표 2-11〉 동물에 따라 다른 인슐린 A사슬의 8, 9, 10번째의 아미노산

	인슐린 A사슬		
	8	9	10
소	알라닌	세린	발린
돼지	트레오닌	세린	이소루이신
염소	알라닌	글리신	발린
말	트레오닌	글리신	이소루이신
사람	트레오닌	세린	이소루이신

균에서는 44군데나 다르다.

이들의 차이는 그 종의 계통 발생상의 차이와 비례하는 것으로 생각된다. 이를테면 화석 연구에 의하면 사람과 소는 공통의 조상으로부터 약 7000만 년 전에 갈라져 진화한 것으로 생각되고 있다. 그러므로 평균하여 700만 년에 한 군데씩 변화가 일어났다는 것이 된다. 다른 생물에서도 같은 빈도로써 변화가 일어났다고 가정한다면 다르게 되어 있는 아미노산의 개수로부터 과거에 언제 서로 갈라져서 진화되기 시작하였는가를 추정할 수 있게 된다. 이와 같이 아미노산 배열순서의 연구는 생물 진화의 계통수(系統樹)를 만드는 데 도움이 되고 있다.

시토크롬C를 구성하는 약 100개의 아미노산 중, 27개의 아미노산은 어떤 생물의 시토크롬C와 비교해 보더라도 공통으로 존재하고 있다. 이것은 이 27개의 아미노산이 시토크롬C가 기능을 발휘하는 데 있어 없어서는 안 되는 것으로서, 이것들에 돌연변이가 일어나면 시토크롬C가 작용하지 못하게 되어 그와 같은 생물은 사멸되어 버렸다고 생각된다. 그러므로 단백질에 있어서 중요한 아미노산은 진화과정에서도 보존되어 왔다고 하겠다.

아미노산이 보존되는 정도는 단백질의 종류에 따라서 달라진다. 예를 들어 히스톤H4라고 하는 단백질이 있다. 이것은 세포의 핵 속에서 DNA와 결합하여 있는 단백질이다. 시토크롬C와 마찬가지로 약 100개의 아미노산으로 구성되어 있는데, 소와 완두콩의 차이는 딱 두 군데였다고 한다. 소와 완두콩은 매우 오래된 시기에 잘라져서 진화한 것이라고 생각되는데, 단 두 군데 밖에 다르지 않고 대부분이 보존되어 온 것이다. 히스톤 H4의 아미노산은 치환이 대부분 불가능한 것으로 보인다.

어떤 특정 생물의 특정한 단백질은 동일한 아미노산 배열을 지니고 있다. 그러나 그 유전자에 돌연변이가 일어나면 아미노산에 치환이 일어나 이상 단백질이 만들어진다. 그와 같은 아미노산의 치환과 질병과의 관련에 대한 대표적인 예는 뒤(8-1)에서 설명하기로 한다.

단백질의 아미노산 배열순서는 특별한 단백질(이를테면 콜라겐)을 제외하고는 거의가 규칙성이 없다. 서로 관계가 없는 단백질을 비교하였을 경우 아미노산 몇 개가 공통 배열된 일도 거의 없다. 아미노산은 20종류가 있으므로 5개의 아미노산 배열에는 20^{5}가지, 즉 약 300만 가지의 가능성이 있다. 그렇기 때문에 아미노산 5개가 같은 배열순서를 우연히 취하게 되리라는 것은 거의 생각할 수 없는 일이다.

그래도 다른 단백질 사이에서 비슷한 배열을 갖는 경우를 볼 수 있다. 예를 들자면 트립신과 키모트립신(chymotrypsin), 리소자임(lysozyme)과 α락트알부민(lactalbumin) 등이 그 예이다. 이들 단백질끼리는 어떤 공통조상의 유전자를 가지며 그것에서부터 갈라져 왔을 것이라고 생각된다.

제3장
단백질은 입체구조를 가지고 있다

달걀이 굳어지는 것은 단백질의 변성 때문

아미노산이 염주나 목걸이의 구슬처럼 연결된 단백질의 사슬은 다시 나선이나 코일모양이 되거나 굴절하거나 하여 복잡한 입체구조를 형성하고 있다. 이러한 단백질의 입체구조를 컨포메이션(conformation)이라 부른다.

어떤 효소를 취하여 열탕 속에 수분 간 담가둔다고 하자. 대부분의 경우 그 효소의 활성, 즉 촉매작용은 이 조작에 의해 상실되어 버린다. 조사를 해보면 단백질 사슬 내부의 아미노산 사이의 결합에 절단은 일어나지 않고, 다시 말해 아미노산 배열은 그대로이지만 사슬이 만들고 있는 입체구조에 변화가 일어나 있는 것을 알 수 있다.

즉, 효소 등의 단백질이 생물활성을 발휘하기 위해서는 어떤 일정한 입체구조를 이루고 있을 필요가 있다. 열이나 산, 알칼리, 진한 요소(尿素) 등에 의해 사슬은 절단되지 않지만 입체구조가 변화하는 현상을 변성(變性)이라 하고, 생물활성을 상실하는 것을 실활(失活)이라고 한다. 달걀을 삶으면 흰자위가 굳어지는데, 이것 역시 달걀 흰자위의 단백질(난백 알부민)이 변성을 일으킨 것이다.

우선회 나선구조—α나선

단백질의 입체구조 해명에 중요한 기여를 한 사람은 미국의 화학자 폴링(L. Pauling)이다. 폴링의 이름을 아는 사람은 많을 것이다. 폴링은 노벨상을 두 번(화학상과 평화상)이나 수상한 대학자로서 최근에는 비타민 C가 「감기」나 「암」에 든다고 제창하여 화제가 되기도 했다.

폴링은 1950년경 아미노산이나 간단한 펩티드의 구조를 해석하고, 그 지식을 이용하여 폴리펩티드 사슬의 입체 구조를 연구했다. 작은 장난감 같은 그러나 정확한 결합 거리와 각도를 가진 분자모형을 조립하여 단백질 사슬의 안정된 입체구조를 탐색한 것이다. 그리고는 α나선(α-helix)이라 명명된 나선 구조가 가장 무리가 없는 안정된 구조인 것을 발견했다.

α나선은 오른쪽으로 감겨지는 우선회 나선으로 3.6개의 아미노산에서 한 바퀴 감기고, 그 사이에 0.54㎚를 진행하는 나선이다. 어떤 아미노산의 펩티드 결합을 만들고 있는 이미노기(imino radical: NH)와, 그것으로부터 4개 떨어진 아미노산의 펩티드 결합을 형성하고 있는 케토기(keto radical: C=0) 사이에 수소결합이 형성된다. 이와 같은 수소결합이 규칙적으로 되어 나선을 안정화시키고 있다(그림 3-1).

수소결합을 간단하게 설명해 두기로 하자. 수소원자가 전자를 끌어당기는 성질의 원자(산소, 질소 등)와 결합하여 있을 때, 그 수소원자는 다른 전자를 끌어당기는 성질을 지닌 원자와의 사이에 약한 결합을 만드는 성질이 있다. 이 결합을 수소결합이라고 한다. 수소결합은 보통의 화학결합(공유결합)에 비교하면 약하지만 단백질을 비롯한 생체 분자의 입자구조 형성이나, 생체 분자 사이의 상호작용에 매우 중대한 역할을 담당한다.

옛날에 어느 미국인 생물물리학자의 강연을 들은 적이 있었다. 그 선생은 강연의 첫머리에서 다음과 같은 조크를 했다.

「생물학과 물리학은 상당히 동떨어진 학문이라고 생각하는 사람이 많지만 매우 비슷한 데도 있습니다. 우선 핵(세포의)과 핵(원자

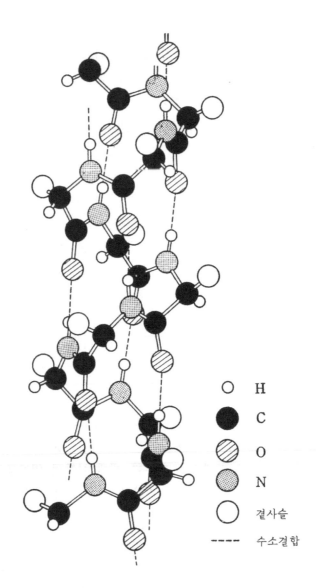

<그림 3-1> 우선회 나선구조, α나선

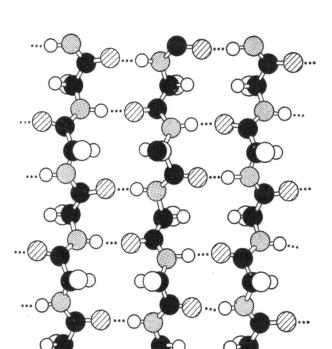

기호는 그림 3·1과 같음

〈그림 3-2〉 β구조는 인접한 사슬 사이에 수소결합을 만든다

핵)이 그렇지요. 다음에는 프로테인(protein)과 프로톤(proton: 양성
자)이 있지 않습니까. 그리고 수소결합과 수소폭탄이라는 식으로 말
입니다」

강연의 내용은 어려워서 도무지 알 수가 없었으나 이 조크만
은 기억하고 있다.

폴링에 의해 제창된 α나선은 그때까지 설명이 안 되었던 단
백질이나 인공합성 폴리펩티드 사슬에서 볼 수 있는 주기구조
(周期構造: X선 회절상)를 잘 설명할 수 있었다. 이를테면 양털

등의 성분인 케라틴(keratin)이 그 예로서, 이 단백질의 사슬은 주로 α나선을 만들고 있다는 것을 알게 된 것이다.

인접하는 사슬 사이에 수소결합이 만들어지는 β구조

현재 이 케라틴을 물에 축여서 잡아당겨 주면 '주기구조가 바뀌어 다른 규칙적인 입체구조로 변화한다는 것을 알고 있다. 또 비단의 단백질인 피브로인(fibroin)도 늘어나게 한 양털과 비슷한 입체구조를 가지고 있다는 것을 알았다.

이들 구조는 β구조, 시트(seat), 플리트시트(pleated sheet)로 불리는 입체구조이다. 폴리펩티드 사슬이 늘어져서 서로 마주 보는 상태로 되고, 사슬과 인접 사슬 사이에 수소결합이 형성되어 있다(그림 3-2). 사슬의 방향이 서로 같은 방향인 경우와 반대방향인 경우가 있는데 당겨 늘어진 양털은 전자이고, 또 비단의 단백질은 후자의 예이다.

세 가닥을 합쳐 꼬은 구조의 콜라겐형 나선

단백질의 사슬을 만드는 세 번째의 규칙적인 입체구조는 콜라겐의 나선이다. 콜라겐은 이미 설명하였듯이 피부, 힘줄, 뼈 등의 주성분이 되는 단백질이다. 콜라겐의 분자는 길이 300㎚, 굵기 15㎚의 막대 모양을 하고 있다. 이 분자는 세 가닥의 폴리펩티드 사슬로 구성되어 있고, 각각의 사슬이 왼쪽으로 감겨지는 좌선회 나선을 감아가면서 세 가닥이 합쳐져서 꼬아진 구조를 만들고 있다. 복합 세 가닥 나선이라고나 불러야 할 구조이다(그림 3-3).

하나하나의 사슬이 만드는 작은 나선은 좌선회로 감겨지며

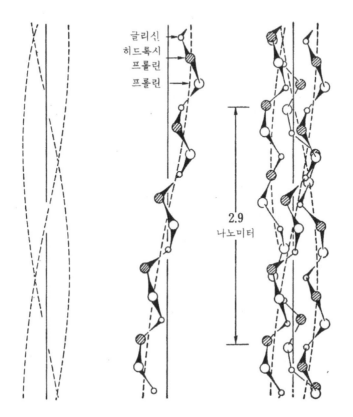

글리신
히드록시
프롤린
프롤린

2.9
나노미터

〈그림 3-3〉 좌선회 나선 세 가닥을 합쳐서 꼬아 만든 콜라겐의
입체구조

3.3개의 아미노산에서 한 바퀴를 감고, 그 사이에 0.96㎜를 진행한다고 한다. 즉, α나선과는 다른 나선구조이다. 콜라겐의 경우는 이것이 다시 세 가닥 모여서 분자를 만들고 있는데, 프롤린이라는 아미노산(이것은 별난 종류의 아미노산이라는 것을 앞에서 설명했다)이 몇 개 이상 연속하여 연결되면 한 가닥의 사슬만으로도 콜라겐형 좌선회 나선을 만들 수가 있다.

이것은 인공적으로 몇 개나 프롤린을 연결시킨 펩티드 사슬(폴리프롤린이라고 한다)을 사용한 실험으로부터 알아낸 것이다. 어느 교과서에도 쓰여 있지 않으나 이것과 비슷한 구조는 사실 천연의 단백질 중에서도 발견되어 있다. 인간이나 돼지의 장 속에 있는 기생충인 회충의 큐티쿨라(cuticular)에는 큐티클린(cuticline)이라는 구조단백질이 있다. 큐티클린의 폴리펩티드 사슬 중에는 프롤린이 몇 개 연속하여 배열된 아미노산 배열이 있는데, 물리화학적 측정에 의하면 이 부분은 역시 한 가닥 사슬로서 콜라겐형 좌선회 나선을 감고 있는 것 같다.

공 모양 단백질의 입체구조

케라틴도 피브로인도 콜라겐도 구조단백질의 한 무리이며 섬유모양의 단백질이다. 즉, 사슬이 일정한 방향으로 배열되어 있다. 그런데 효소 등 많은 단백질의 분자는 오히려 공 모양(球狀)을 하고 있는 것이 많다. 이러한 분자에서는 사슬이 어떤 입체구조를 만들고 있을까?

이 문제를 해결한 것은 영국의 페루츠(M. F. Perutz)와 켄드루(J. C. Kendrew)였다(두 사람은 1962년에 노벨 화학상을 수상하였다). 페루츠는 혈액의 산소결합 단백질인 헤모글로빈의 입체구조를, 또 켄드루는 근육 속의 산소결합 단백질인 미오글로빈(myoglobin)의 입체구조를 X선 해석법으로 연구했다.

그 결과, 이들 공 모양의 단백질에서는 사슬이 부분적으로 α 나선을 만들거나, β구조를 만들면서 차곡차곡 접혀져서 전체적으로 공 모양의 형태를 만든다는 사실을 알았다. α나선이 어느 정도로 있는가는 하나하나의 단백질에 따라서 다르며, 이를테

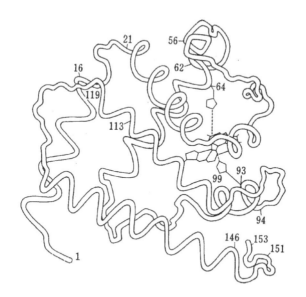

〈그림 3-4〉 미오글로빈의 입체구조

면 미오글로빈(그림 3-4)에서는 전체의 77%가 α나선을 만들고 있었다. 이것은 α나선이 매우 많은 예의 하나이다. 미오글로빈, 헤모글로빈에 이어서 여러 가지 효소의 입체구조가 연달아 해명되었다. 리조짐이라는 효소의 분자에서는 약 43%가 α나선이 었다. 리보누클레아제(ribonuclease→〈그림 3-5〉)분자에는 α 나선이 매우 적다는 사실도 알았다.

효소분자의 갈라진 틈

리보누클레아제는 핵산의 하나인 RNA를 분해하는 효소이다. 리보누클레아제의 입체구조 약도를 〈그림 3-5〉에 보였다. 페루 츠의 말을 빌면 리보누클레아제는 새와 같은 모양을 하고 있다

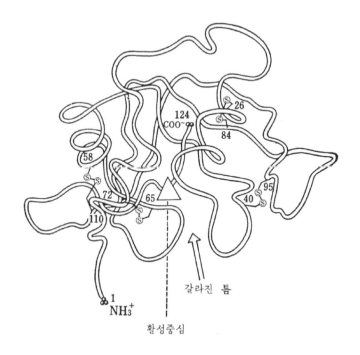

〈그림 3-5〉리보누클레아제의 입체구조

고 한다. 즉, 가마우지나 콘도르가 날개 사이에 머리를 틀어박은 형상이라고 한다.

날개와 날개 사이의 부분이 효소의 가장 중요한 부분이다. 관점을 달리하면 여기는 갈라진 틈이 오목하게 되어 있고, 리보누클레아제는 이 갈라진 틈(절단부위, nick라고도 한다)에서 기질(基質)인 RNA와 결합한다. 이 갈라진 틈에는 리신이나 아르기닌이 있으며, 이들 곁사슬의 양하전은 RNA의 음하전을 흡인하여 결합하는 데에 편리하다. 그리고 RNA를 가수분해 하는 촉매작용을 직접 담당하고 있는 것은 히스티딘(histidine)이다. 이것을 효소의 활성중심(活性中心)이라고 한다.

이와 같은 기질과 결합하는 갈라진 틈이나 오목한 곳은 다른 여러 가지 효소분자—리조짐, 파파인(papain), 키모트립신 등—에서도 발견되어 있다.

효소분자의 틈은 전체적으로 소수성의 환경 속에 있다. 앞에서 화학자는 화학반응을 소수적인 조건, 즉 물속보다 유기용매 속에서 하고 싶어 한다고 말했는데, 효소는 물속에 있는데도 불구하고 미시적인 소수적 환경을 만들어 거기서 화학반응을 하고 있는 것이다. 자연의 참으로 교묘한 방법에는 그저 감탄할 따름이다.

단백질의 2차 구조와 3차 구조

단백질의 구조에는 여러 가지 레벨이 있기 때문에 그것들을 구별할 필요가 있다. 그래서 아미노산의 배열순서를 1차 구조라고 부르고, α나선이나 선구조 등 사슬이 축 방향을 따라가며 만드는 규칙적인 구조를 2차 구조, 다시 사슬이 차곡차곡 접혀져서 만들어진 공 모양(球狀) 구조를 3차 구조라고 부른다.

1차는 primary, 2차는 secondary, 3차는 tertiary를 번역한 것이다. 유기화학에서는 예로부터 프라이머리를 1급, 세컨더리는 2급, 터티어리는 3급으로 번역하고 있다. 1급 아민, 2급 알코올 등과 같은 식이다.

그래서 1차 구조, 2차 구조…이기보다 1급 구조, 2급 구조라고 하는 편이 좋지 않겠느냐는 설도 있다. 그렇지만 단백질의 아미노산 배열순서를 연구하는 전문가는 "1차 구조 연구자"라는 식으로 흔히들 불리는데, 그렇게 되면 "1급 구조 연구자"라고 불러야 하게 된다. "1급"인 사람은 좋다고 하더라도 2차 구조, 3차 구조 연구자는 "2급 구조 연구자", "3급 구조 연구자"로 되어야 할 터이므로, "저 사람은 3급 구조 연구자야"는 따위로 불린다면 유쾌할 턱이 없다.

단백질의 도메인 구조와 4차 구조

3차 구조를 자세히 조사하면 긴 사슬이 한꺼번에 접혀져서 단숨에 3차 구조를 만드는 것이 아니라, 여러 부분이 접혀져서 3차 구조적인 덩어리를 만들고, 그것들이 집합하여 전체의 분자를 형성하고 있다고 생각하는 편이 좋을 경우가 있다. 이와 같은 경우, 부분적인 덩어리를 도메인(domain) 구조라고 부르고 있다.

또 단백질 분자에는 한 가닥의 사슬로 되어 있는 것도 있지만 몇 가닥 또는 수십 가닥의 사슬로 되어 있는 복잡한 것도 있다. 이러한 것에서는 사슬의 하나하나가 각각 공 모양의 구조, 즉 3차 구조를 만들고, 이것들(하나하나를 서브유닛: subunit라 부르고 있다)이 집합하여 커다란 구조체를 형성하고 있다. 이러한 경우 큰 복합 구조체를 4차(quaternary) 구조라고 부르고 있다. 헤모글로빈은 그것의 대표적인 예로서 4개의 서브유닛이 모여서 4차 구조를 만들고 있다.

4차 구조를 갖는 단백질—헤모글로빈

헤모글로빈에 관한 이야기는 이미 몇 번이나 나왔는데 혈액 속의 적혈구에 존재하는 붉은 색깔의 단백질이다. 헤모글로빈은 산소와 결합하고, 산소를 필요로 하는 조직이 있는 곳으로 운반해 가서 산소를 방출한다.

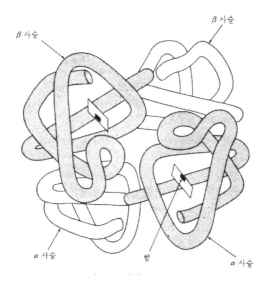

β 사슬

β 사슬

α 사슬   헴   α 사슬

〈그림 3-6〉 헤모글로빈의 입체구조(4차 구조)

헤모글로빈은 4개의 서브유닛으로 구성되어 있다. 성인의 경우는 α라고 하는 서브유닛이 2개, β라고 하는 서브유닛이 2개 있다. α와 β는 각기 모두 약 150개의 아미노산으로 이루어져 있다. α와 β의 1차 구조는 꽤 다르지만, 전체로서의 입체구조는 매우 비슷하다(그림 3-6).

참고로 말하면, 근육 속에는 미오글로빈이라는 산소결합 단백질이 있다. 미오글로빈은 4차 구조를 갖지 않으며 한 가닥 사슬로 되어 있는데, 그 입체 구조는 헤모글로빈 서브유닛의 입체 구조와 흡사하다고 한다. 산소와 결합하기 위해서는 이와 같은 입체구조가 편리하기 때문일 것이다.

헤모글로빈의 각 서브유닛과 미오글로빈에는 한 가운데에 헴(heme)이라고 불리는 복잡한 구조의 원자단(原子團)이 들어 있

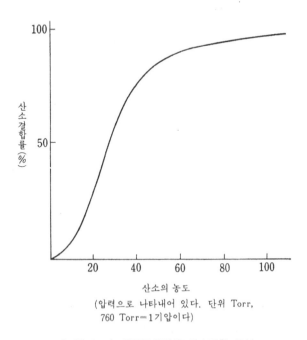

세로축: 산소결합률(%), 100, 50

가로축: 20 40 60 80 100

산소의 농도
(압력으로 나타내어 있다. 단위 Torr,
760 Torr=1기압이다)

〈그림 3-7〉 헤모글로빈의 산소결합 곡선

다. 이 헴이 산소와 결합하는 장소이며 붉은 색깔도 이 헴에서
유래하고 있다.

다른 자리 입체성 효과, 알로스테릭 효과에 의한 미묘한 조절

〈그림 3-7〉은 헤모글로빈의 산소 결합률이 산소의 농도에
따라서 어떻게 변화하는가를 보여주고 있다. S자형 곡선 또는
지그모이드(sigmoid) 곡선으로 불리는 특별한 모양이다.

이것은 산소가 많은 허파에서는 산소를 가득 결합하고, 산소
농도가 낮은 말단조직에서는 능률적으로 산소를 방출할 수 있
다는 것을 의미하고 있으며, 헤모글로빈의 기능에 매우 잘 조

화된 성질이다.

헤모글로빈의 산소 결합력이 이와 같은 성질을 나타내는 것은 헤모글로빈이 4차 구조를 갖기 때문이라 생각되고 있다. 4개의 서브유닛 중 1개의 서브유닛에 산소가 결합하면, 나머지 서브유닛에 영향을 주어서 각각이 산소와 결합하기 쉬워진다고 한다. 이와 같은 성질을 지니면 지그모이드형의 결합곡선을 나타내게 된다.

이 현상을 다른 자리 입체성 효과, 즉 알로스테릭(allosteric) 효과라고 하고, 헤모글로빈뿐만 아니라 4차 구조를 갖는 다른 단백질에서도 널리 볼 수 있는 현상이다. 이를테면 4차 구조를 지니는 많은 효소의 활성은 알로스테릭 효과를 통하여 어느 특정 물질(기질인 경우도 있고, 그렇지 않는 경우도 있다)에 의한 미묘한 조절을 받는다는 것이 알려져 있다. 참고로 4차 구조를 갖지 않는 미오글로빈에는 이와 같은 성질이 없다.

1차 구조가 입체구조를 결정한다

단백질의 분자가 생리적 활성을 갖기 위해서는 어떤 일정한 입체 구조를 취하고 있지 않으면 안 된다. 도대체 어떻게 하여 일정한 입체구조가 만들어지는 것일까?

대부분의 학자는 아미노산 배열순서, 즉 1차 구조가 입체 구조를 결정하는 요인일 것이라고 생각하고 있다. 즉, 단백질 사슬 중의 아미노산 곁사슬의 성질과 그 곁사슬과 다른 곁사슬의 상호작용에 의하여 안정된 입체구조가 스스로 결정되는 것이라고 생각된다.

아미노산의 종류에 따라 α나선을 만들기 쉬운 것과 β구조를 만들기 쉬운 것이 있다. 콜라겐형 나선의 형성에는 매우 특수한 아미노산 배열이 필요하다.

또 사슬이 차곡차곡 접혀져서 3차 구조를 만들 경우, 곁사슬 사이의 수소결합이나 플러스의 전하를 갖는 곁사슬과 마이너스의 전하를 갖는 곁사슬 사이의 인력(이온결합)이 중요하다. 같은 종류의 전하를 갖는 곁사슬은 역으로 반발을 일으킨다.

여기에 더하여 소수성 곁사슬끼리의 상호작용이 있다. 아미노산의 곁사슬에는 물과 친숙하기 쉬운 친수성의 것과 물을 싫어하는 소수성의 것이 있다는 것은 이미 제2장에서 언급했다. 물속에서 단백질의 사슬 중 소수성의 곁사슬 부분은 되도록 물에 닿지 않으려 하고, 서로 밀착하여 내부로 끼어들려 한다. 그리고 친수성의 곁사슬을 갖는 부분이 표면으로 늘어서게 된다. 이 소수성 곁사슬 부분이 속으로 계속 도망치려는 성질이 사슬이 접혀져서 전체적으로는 공 모양의 형태를 만드는 데에 기여하는 가장 큰 힘이 아닐까 하고 말하고 있다.

덧붙여 말하면, 콜라겐 분자는 막대와 같은 모양을 하고 있다. 그것은 특수한 복합 세 가닥 나선을 만들고 있기 때문이다. 하지만 소수성인 아미노산이 적고 물과 친숙한 아미노산이 많아 넓은 표면적으로도 안정하게 존재할 수 있는 것도 사실이다. 같은 부피의 것에서는 막대 모양이 되면 표면적이 크고, 공모양이 되면 표면적이 작다.

또 대부분의 효소의 분자에는 갈라진 틈(nick)이나 오목한 데가 있고, 그 속은 소수적인 환경으로서 거기서 화학반응이 일어난다는 것은 앞에서 설명하였다. 이것도 공 모양 단백질의 내부에 소수성 곁사슬이 보다 많이 집합한 결과이다.

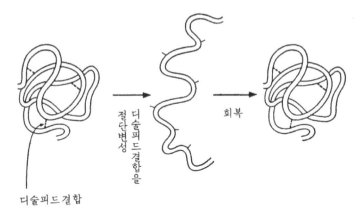

절단변성

디술피드결합을

회복

디술피드결합

〈그림 3-8〉 단백질의 변성과 회복

단백질의 입체구조는 재생한다

단백질의 1차 구조가 입체구조를 결정한다는 것을 실험으로써 멋지게 보여 준 것은 미국의 생화학자인 앤핀슨(C. B. Anfinsen: 1972년 노벨화학상 수상)이다. RNA를 분해하는 효소 리보누클레아제는 124개의 아미노산으로써 구성 되어 있고, 그 중에는 8개의 시스틴이 포함되어 있다. 이 시스틴은 서로 쌍을 만들어 4세트의 디술피드 결합을 형성하고 있다. 이 디술피드 결합은 단백질 사슬 사이에 가교(架橋)를 만드는 것이 되어 단백질 분자 입체구조의 안정화에 큰 역할을 하고 있다.

지금 리보누클레아제를 진한 요소 용액 속에 넣고, 다시 디술피드 결합(S-S결합)을 환원시켜 SH기로 바꾸기(〈그림 2-5〉의 역반응) 위해 환원제(β-메르칼토에라놀: mercaptoethanol)을 가한다. 요소는 수소결합이나 소수적 상호작용을 절단하고, 환원제는 디술피드 결합을 절단한다. 그 결과 리보누클레아제의 입체 구조가 파괴되어 사슬은 무질서한 상태로 된다. 당연

한 일로 RNA를 분해하는 효소활성도 상실된다. 즉, 변성하여 활성을 상실한다.

그런데 변성하여 활성을 상실한(실활이라고 한다) 리보누클레아제를 투석하여 요소나 환원제를 제거해 준 다음, 조용히 공기를 통하여 산화시켜 주면 절단된 디술피드 결합이 재생된다. 이렇게 하였더니 본래의 효소활성의 84%까지로 활성이 회복되있다고 한다.

이것은 대부분의 분자가 본래의 입체구조로 되돌아갔다는 것을 가리키고 있다. 여러 가지 입체구조가 만들어지고, 8개의 시스틴이 임의로 상대를 골라 결합하여 올바른 조합이 만들어지는 확률은 1% 이하이다. 그러므로 아미노산 배열이 특정한 입체구조를 결정한다는 결론이 내려졌다(그림 3-8).

현재는 단백질의 폴리펩티드 사슬이 특정한 입체구조를 만들어 가는 과정이 자세히 연구되고 있다. 또 한편에서는 임의의 아미노산 배열순서를 갖는 폴리펩티드 사슬이 어떤 입체구조를 만드는가를 예측하는 연구도 활발하게 이루어지고 있다. 이것은 컴퓨터 그래픽(computer graphics)의 기술과 결합되어 있고, 단백질 공학과도 관련이 있다. 이것에 대해서는 뒤에서 다시 설명하기로 한다.

제4장

단백질은 어떻게 연구하는가?

특정 단백질을 구분

생물의 몸속에는 수천 종류에서 수만 종류의 단백질이 존재한다. 어떤 특정 단백질의 성질이나 작용을 조사하거나, 아미노산 배열순서와 입체구조를 연구하거나, 또는 의료나 산업에 응용하기 위해서는 수천수만 종류의 단백질 중에서 특정 단백질을 구분하지 않으면 안 된다.

또 가려낼 필요는 없더라도 특정 단백질이 얼마나 있는지, 여러 가지 단백질이 어떤 비율로 존재 하는지를 알고 싶을 때가 있다. 예를 든다면 어떤 종류의 질병 진단에는 혈청 속의 단백질을 분석하는 일이 흔히 이루어진다.

가장 고전적인 단백질 분리법은 용해도에 의한 것이다. 일반적으로 단백질은 물에서보다 묽은 염용액에 녹기 쉽다. 그러나 염을 진하게 하면 또 녹기 어려워지고 침전한다. 어느 정도의 염농도에서 침전하는지는 단백질의 종류에 따라서 조금씩 다르다.

그래서 어떤 염(흔히 사용되는 것은 황산암모늄이다)을 조금씩 단백질의 용액에 보태어 가서 그때마다 침전하는 단백질을 구분하면 단백질을 분획(分劃)할 수가 있다. 이 방법은 단백질을 대략적으로 구분하는 데는 좋지만 이것만으로 어떤 특정 단백질을 순수하게 구분하기는 일반적으로 곤란하다.

하전의 차이로 구분

단백질을 구성하는 아미노산 중에는 플러스로 하전(荷電)한 곁사슬을 갖는 것과 마이너스로 하전한 곁사슬을 갖는 것이 있다. 이것들이 어떤 비율로 포함되는가에 따라서 단백질 분자 전체의 하전상태가 다르다. 이를테면 히스톤이라는 단백질에는

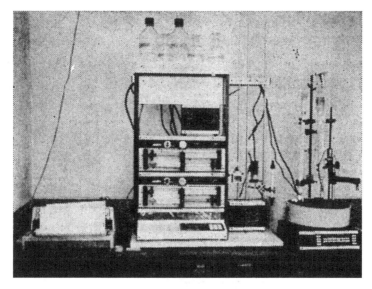

〈사진 4-1〉 고속 크로마토그래피 장치

플러스로 하전한 아미노산 곁사슬이 마이너스로 하전한 아미노산 곁사슬의 수를 크게 웃돌기 때문에 전체로서는 플러스로 하전하여 있다.

이와 같은 단백질은 염기성(鹽基性) 단백질이라 불리고 있다. 반대로 마이너스로 하전한 곁사슬이 많아 플러스로 하전한 곁사슬의 수를 웃돌 경우, 그 분자는 전체적으로는 마이너스로 하전하는 것이 되어 산성단백질이라 불리고 있다.

단백질의 하전 차이를 이용하여 구분하는 방법에는 이온교환 크로마토그래피나 전기영동법(電氣泳動法)이 있다.

셀룰로스 등의 다당류 또는 인공합성 고분자에 플러스로 하전한 원자단을 붙인 것이 시판되고 있다. 이것에는 산성 단백질이 강하게 결합하고 염기성 단백질은 결합하기 힘들다. 한편 마이너스로 하전한 원자단을 붙인 것도 시판되고 있는데, 이것에는 염기성 단백질이 강하게 결합한다. 이들을 사용한 기술이 이온교환 크로마토그래피로서 조건을 잘 선택하면 많은 단백질을 깨끗이 분리할 수가 있다. 최근에는 고속으로 크로마토그래피를 하는 장치도 개발되어 있다(사진 4-1).

한편, 전기영동법이라는 것은 적당한 지지체(支持體) 속에 단백실의 시료(試料)를 두고 전기장을 걸어주는 방법이다. 플러스로 하전한 (염기성)단백질은 음극 쪽으로, 마이너스로 하전한 (산성)단백질은 양극 쪽으로 이동하여 가기 때문에 서로 분리할 수가 있다.

단백질 분자의 크기로써 구분

단백질 분자의 크기는 여러 가지이다. 그러므로 단백질을 크기에 따라서 구분하는 방법이 개발되어 있다. 겔(gel) 여과법이니, 분자시분법(分子餘分法)이라 불리는 것이 그 방법이다.

다당류의 일종인 텍스트란(dextran)의 사슬 사이에 가교(架橋)를 넣어서 그물코 모양의 구조체를 만들고, 이것을 작은 알갱이 모양으로 한 것을 시판하고 있는데, 이것은 물에 담그면 부풀어서 겔이 된다. 이 겔을 유리통에 채우고 위에서부터 단백질 시료를 부어 넣는다. 다음에 적당한 완충액을 흘려보내면 놀랍게도 큰 단백질이 먼저, 작은 단백질 분자일수록 나중에 흘러나오게 된다.

보통 「체」라고 하면 작은 것이 먼저 아래로 떨어지고 큰 것은 걸려서 떨어지지 않는데도, 이 겔 여과에서는 큰 것일수록 먼저 나온다. 어째서일까? 이 방법이 개발된 것은 필자가 대학

원생이던 무렵인데, 처음에 이 얘기를 들었을 때는 마법과 같은 느낌이 들었다.

겔 여과의 원리는 다음과 같이 생각되고 있다. 겔의 작은 알갱이는 그물코 모양의 구조를 지니고 있기 때문에 작은 단백질은 그물코 속으로 들어가지만 큰 단백질은 그물코 속으로 들어가지 못한다. 그래서 이 겔의 위에서부터 단백질을 흘려보내면 큰 단백질은 작은 알갱이 속으로 들어가지 못하고, 알갱이와 알갱이 사이의 틈새를 통과하여 흘러가 떨어진다. 한편 작은 단백질은 작은 알갱이 속으로까지 들어가서 천천히 흘러 떨어진다.

이런 설명을 들으면 과연 그렇겠구나 하고 생각하겠지만 이 겔 여과의 모델을 생각한다는 것은 웬만큼 어려운 것이 아니다. 몸집이 큰 씨름선수와 몸집이 작은 야구선수가 장애물 경주를 한다고 생각하자. 사다리 구멍을 빠져나가는 경주라면 승패는 뻔하다. 그렇지만 겔 여과의 모델로서 사다리 구멍을 빠져나가건, 사다리 곁을 빠져나가건, 어느 쪽이라도 상관이 없다는 룰이 있다고 하면 두 사람이 다 사다리 곁을 빠져 나간다고 하더라도, 역시 거대한 씨름꾼보다 작고 잽싼 야구선수가 먼저 골인하는 것이 아닐까?

친화성(어피니티) 크로마토그래피
—가장 현대적인 단백질 분리법

가장 현대적인 단백질 분리법은 친화성, 즉 어피니티·크로마토그래피(affinity chromatography)일 것이다. 효소와 기질, 항체와 항원 등 수많은 단백질은 마치 열쇠와 열쇠구멍처럼 특이하게 작용하거나 결합한다는 것을 이미 여러 번 강조하여 설명했다.

어피니티·크로마토그래피는 이 성질을 이용한 것이다. 녹지 않는 성질(不溶性)을 가진 다당류의 작은 알갱이에 단백질이 결합하는 상대(ligand: 配位子라고 불린다)를 고정화시켜 버린다. 이런 작은 알갱이를 유리원통 속에 채워 넣은 다음, 위로부터 단백질의 혼합 용액을 흘려보내면 그 배위자와 결합하는 단백질만이 걸려들고 나머지 단백질은 그대로 통과해 버린다.

이것은 그 모델을 쉽게 생각할 수 있다. 이를테면 보석이라든가 모피를 파는 가게가 늘어선 골목길을 생각하여 본다. 여기를 한 무리의 사람들이 지나가면 여성들만이 발걸음을 멈추고 남성이나 아이들은 통과해 버린다. 또는 술집 골목에서는 술을 좋아하는 사람만을 낚아챌 수가 있다. 만일 괴상망측한 패션 가게를 배위자(ligand)로 한다면, 요즘의 이른 바 "신인류(新人類)"*들만을 구분해 낼 수 있게 될 것이다.

잘 될 경우 어피니티·크로마토그래피의 위력은 매우 뛰어나다. 아세틸콜린에스테라제(acetylcholine esterase)라는 효소가 있는데, 이것은 신경의 전달에 관계하는 효소이다. 이 효소는 황산암모늄에 의한 침전, 이온교환 크로마토그래피, 겔 여과, 그리고 다시 이온교환 크로마토그래피를 세 번 반복하면 순수하게 추출할 수가 있다고 한다(수율(收率)은 12%). 어느 정도의 시간이 걸리는지는 명확하지 않지만, 아마 2주간은 족히 걸릴

---

*역자 주: 일본에서는 자기를 확인할 수 없는 「뭐가 뭔지도 모를 젊은 세대」를 일컬어 「신인류」라고 부르고, 구세대는 스스로를 「구인류」라고 표현한다.

것이다.

그런데 기질인 아세틸콜린과 흡사한 화합물을 리간드(배위자)로 하여 어피니티·크로마토그래피를 하면 단지 한 가지 조작으로 순수하게 되어 수율이 70%나 된다고 한다. 아마 하루의 노동이면 끝날 것이다.

SDS 페이지

구분하는 것을 목적으로 하지 않고, 어떤 단백질이 있는가를 알고 싶을 때 또는 구분한 단백질의 샘플이 어느 정도로 순수한가를 알고 싶을 때는 SDS 폴리아크릴아미드(polyacrylamide) 전기영동법(줄여서 SDSpage)이 흔히 사용된다.

SDS란 도데실(dodecyl) 황산나트륨의 약호로 강력한 계면활성제(界面活性劑), 즉 세제의 일종이다. SDS는 소수성인 탄화수소의 사슬(도데실기)과, 친수성인 황산기를 갖는다. SDS와 단백질을 혼합하면 SDS가 단백질의 사슬에 치덕치덕 달라붙는다.

SDS가 단백질에 결합하는 비율은 단백질 1에 대하여 SDS 1.4 정도로 단백질의 크기나 종류와는 관련이 없다.

단백질에는 플러스 전하가 많은 것도 마이너스 전하가 많은 것도 있지만, SDS가 단백질에 치덕치덕 달라붙으면 수많은 SDS의 황산기 때문에 단백질 자신의 전기적 성질은 완전히 눈에 띄지 않게 된다. 또 SDS는 이온결합, 소수결합 등의 약한 결합을 절단하기 때문에 2차, 3차, 4차 구조는 파괴되어 버리고, 사슬은 풀려져서 기다란 막대 모양으로 된다(보통은 환원제를 SDS와 함께 넣어서 사슬과 사슬 사이의 디술피드 결합도 잘라둔다).

즉, 어떤 모양의 단백질도 굵기가 같은 막대 모양으로 되고 막대의 길이는 단백질 사슬의 길이, 즉 분자량에 비례하게 된다. 이것을 폴리아크릴아미드라는 인공고분자로 만든 그물코 모양의 젤 분자체로서 걸러내는 것이다.

폴리아크릴아미드의 젤 위에 SDS-단백질 결합체를 얹고 전기장을 걸어준다. SDS의 황산기 탓으로 이 결합물은 마이너스의 전하를 가지고 있기 때문에 플러스극 쪽으로 이동하려 한다. 이때 「체」가 있기 때문에 작은 것은 빠르게 통과해 가지만 큰 것은 천천히 통과하게 된다. 이렇게 하여 단백질의 크기와는 반대의 순서로 이동하여 가는데 적당한 곳에서 젤을 끌어내어 단백질을 색소로 염색해 주면 단백질은 띠 모양으로 염색된다.

분자량을 알고 있는 단백질을 동시에 영동시키면 이것과 비교하여 분자량을 결정할 수가 있다. 단백질의 시료는 수 마이크로그램(μg: 1μg은 100만분의 1g)이면 된다. 이것은 수십 종류의 단백질을 간단한 장치로써 구분할 수 있는 방법이다.

20년쯤 전까지만 해도 단백질의 분자량을 결정하려면 큰일이었지만 1967년에 이 SDS페이지가 고안되자 금방 전 세계에서 사용되게 되었고, 현재는 매우 손쉽게 단백질의 크기를 논의하거나 순도를 검정할 수 있게 되었다.

항체를 사용하는 방법

몸속에 박테리아 등의 이물질이 침입하면 몸은 이 침입자(항원)에 특이하게 결합하는 단백질(항체)을 만들어 자신을 보호한다는 것은 제1장에서 말했다.

지금 어떤 단백질을 다른 종류의 동물 몸에 주사하면 그 동물의 혈액 속에는 그 단백질에 대항하는 항체가 나타난다. 항체는 사용된 항원의 단백질을 식별하여 그것만 결합하기 때문에 단백질은 매우 좋은 연구수단이 된다.

이를테면 A라는 단백질과 B라는 단백질이 같은 것인지 어떤지를 검토할 때는 A의 항체가 B와 반응하는지를 조사하면 된다.

또는 항체에 적당한 표지를 하여 조직이나 세포의 단편에 뿌려준다. 그리고 표지를 목표로 하여 조사하면 그 단백질이 조직이나 세포 속에서 어떻게 분포하여 있는가를 정밀하게 관찰할 수 있다.

이 항체를 배위자(ligand)로 하여 어피니티 · 크로마토그래피를 하는 것도 가능하다.

단백질의 1차 구조는 어떻게 결정되는가?

단백질이 순수하게 분리되면 이번에는 그 1차 구조, 즉 아미노산의 배열순서가 알고 싶어진다. 앞에서 설명하였듯이 세계에서 처음으로 단백질의 1차 구조를 결정한 사람은 생거였다.

생거는 단백질의 아미노말단기에 디니트로페닐(dinitrophenyl)기라는 표지를 하는 방법을 생각해 냈다. 그리고 단백질(인슐린)을 산을 사용하여 작은 단편으로 절단한 다음, 수많은 단편을 주의 깊게 분리하여 아미노말단을 구성하는 아미노산을 결정해 나갔다. 그리고는 이것들의 정보를 조합하는 것으로써 사슬의 구조를 결정하는 데 성공한 것이다.

물론 오늘날에는 훨씬 기술이 발전했다. 현재 아미노산 배열순서를 결정하는 가장 유력한 방법은 스웨덴의 에드만(P. Edman)이 고안한 방법이다. 에드만 분해법으로서 알려진 이 방법은 페닐이소티오시아네이트(phenylisothiocyanate)라는 시약을 사용하여 단백질 사슬의 N말단으로부터 차례로 아미노산 하나씩을 페닐티오히단토인(phenylthiohydantoin) 유도체로 바꾸어서 사슬로부터 벗겨 나가는 방법이다.

아미노산 한 개만이 빠져나간 사슬이 남기 때문에 다시 같은 방법을 적용하면 다음을 결정할 수가 있다. 즉, 이론적으로는 이 방법을 사용하면 단백실 사슬의 아미노산 배열순서를 모조리 결정할 수 있겠지만 현실적으로는 각 단계의 반응이 반드시 100% 진행되지 않기 때문에 차츰 차츰 유도체의 수율이 나빠지고 명확한 대답을 얻지 못하게 된다. 때문에 수십 개의 아미노산을 결정하는 것이 한계점이라고 한다. 그러나 현재는 거의 자동적으로 에드만 분해를 하여 주는 기계도 시판되고 있다.

대개의 단백질은 사슬이 길어서 직접 에드만법으로서 전체 아미노산 배열을 결정하기는 어렵다. 따라서 특정 장소에서 절단하여 알맞는 크기의 단편으로 해 두고서 각 단편에 대하여 에드만 분해법으로 아미노산 배열을 결정한다. 다음에는 다른 절단법으로 단편을 만들고, 그 결과를 먼저의 결과와 맞추어 보아 중복 부분을 찾아가면 사슬 전체의 구조를 결정할 수 있다.

단백질을 단편화하는 방법으로는 트립신(리신이나 아르기닌이 있는 곳을 절단한다), 키모트립신(페닐알라닌, 티로신, 트립토판 등에서 절단한다). 스타필로코커스 프로테아제(staphylococcus protease: 글루탐인산이나 아스파르트산에서 절단한다) 등의 단백질 분해 효소나 브로모시안(bromocyan: 메티오닌에서 절단)과 같은 화학 시약이 흔히 사용된다.

단백질 입체구조의 연구법

단백질 입체구조의 정밀한 해석법으로서 가장 유력한 방법은 X선 회절이다. 분자의 내부와 같은 미세한 구조를 아는 데는 보통의 빛과 같은 파장이 긴 빛으로서는 안 되며, X선이라는 매우 파장이 짧은 빛을 사용한다. X선의 파장은 원자와 원자 사이의 거리와 거의 같을 정도이다.

화합물의 결정(結晶)에 X선을 통과시키면 원자에 의하여 다시 튕겨진다. 결정과 같이 원자가 규칙적으로 배열되어 있으면 다시 튕겨진 X선의 상(회절상)이 만들어지는데, 회절상은 사진 건판 위에 여러 가지 점 모양으로 되어서 얻어진다. 이 점의 강도와 각 점의 거리로부터 결정 속의 원자의 거리를 추정할 수가 있다.

이것은 수많은 측정과 컴퓨터에 의한 복잡한 계산을 필요로 하는 굉장한 작업이다. 단백질도 좋은 결정이지만 수소원자가 지나치게 가벼워서 표선을 반사하는 힘이 약하기 때문에 다른 방법이 필요하다. 그래서 입체구조를 결정하는데 몇 해나 걸리는 일도 있다.

최근 어느 과학 잡지에서 짤막한 기사를 읽었는데, 미국의 연구소에서 전자현미경을 사용하여 내략적인 단백질의 입체구조를 재빠르게 발견하는 방법을 개발하여 2~3일이면 가능하다는 것이다. 다만 분해 능력은 X선 회절보다 한 단위가 낮고, 단백질의 시료를 만들 때 특수한 방법이 필요한 것 같다.

제5장
단백질은 유전암호를 바탕으로 만들어진다

유전자의 본체—DNA

"DNA makes RNA makes protein."이라는 제목의 책을 본 적이 있다. 또 〈그림 5-1〉은 분자생물학의 센트럴 도그마 (central dogma: 중심설)라고 일컬어지는 도식이다. 이것들은 모두 생물의 정보 흐름에 대한 기본을 나타내고 있다. 즉, 생물 이 지니는 정보는 DNA에 저장되고 복제되어 자손에게 전하여 진다. 또 정보를 발현할 때는 DNA의 정보는 먼저 RNA의 형 태로 전사되고, 다음에 단백질의 형태로서 표현(번역)된다. 이 것은 지상에 사는 생물의 기본적인 성질이다.

DNA라고 불리는 물질이 유전자의 본체이며 유전정보의 담 당자라는 것은 오늘날에는 중학생도 알고 있지만, 이것이 의심 할 여지없이 명확하게 된 것은 그리 오래된 일이 아니다. 미국 의 에이브리(O. T. Avery), 맥레오드(C. M. MacLeod), 매카 티(M. McCarty)는 폐렴균을 사용하여 실험을 했다. 폐렴을 일 으키는 이 세균은 캅셀을 가지고 있다. 캅셀에는 매끈한 것 (smooth형)과 톱니모양을 한 것(rough형)이 있고 그것은 유전 한다. 즉, 라프형의 자손은 라프형이고, 스무스형의 자손은 반 드시 스무스형이 된다.

그래서 에이브리들은 스무스혈으로부터 DNA를 추출하여, 이 것을 라프형의 균에 섞어 주었다. 그러자 스무스형의 DNA가 라프형의 균체 속에 들어가는 일이 간혹 일어났고, 그 결과 약 1% 정도이었지만 스무스형 균이 탄생하였다. 이렇게 생긴 스무 스형 균은 그 후에는 스무스형 자손을 만들었다. 이 결과는 1944년에 발표되었는데, DNA가 유전자의 본체인 것을 가리킨 역사적 실험이었다. 그러나 어쩐 까닭인지 이 사람들은 노벨상

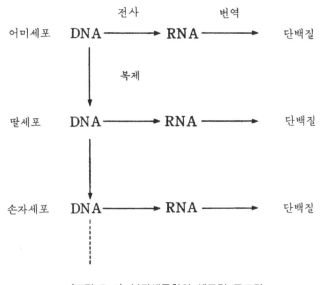

〈그림 5-1〉 분자생물학의 센트럴 도그마

을 받지 못했다.

DNA의 이중나선 모델

1953년에는 왓슨(J. W. Watson)과 크릭(F. H. C. Crick)이 유명한 DNA 이중나선 모델을 내놓았다.

당시 불과 25살이던 왓슨이 35살의 크릭과 함께 이중나선을 착상하기에 이른 과정은 왓슨 자신이 쓴 『이중나선』*이라는 책에 쓰여 있다. 이 책은 정말 재미있는 읽을거리다. 왓슨과 크릭이 사용한 방법은 폴링이 α나선을 착상하였던 방법에서 배운 것으로 이 책을 읽어보면 폴링의 천재성이 지극히 인상적이다. 왓슨과 크릭은 1962년에 노벨의학생리학상을 수상하였다.

---

*역자 주: 한국어판으로는 하두봉 역, 전파과학사의 「이중나선」이 있다.

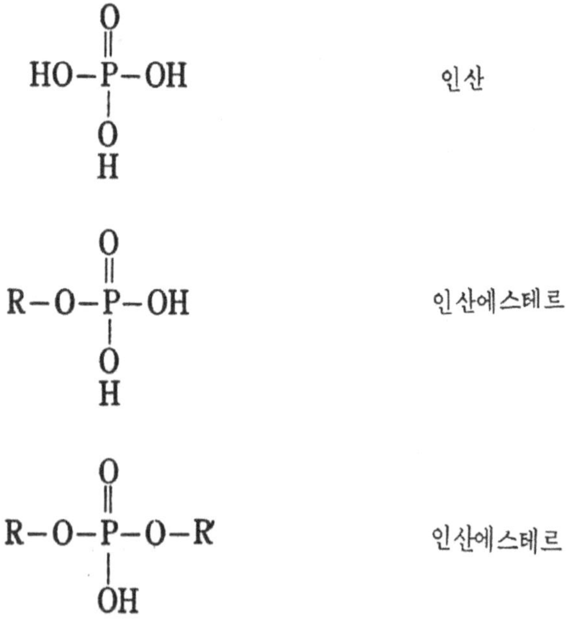

$$O$$
$$\parallel$$
$$HO-P-OH \qquad\qquad 인산$$
$$\mid$$
$$O$$
$$\mid$$
$$H$$

$$O$$
$$\parallel$$
$$R-O-P-OH \qquad\qquad 인산에스테르$$
$$\mid$$
$$O$$
$$\mid$$
$$H$$

$$O$$
$$\parallel$$
$$R-O-P-O-R' \qquad\qquad 인산에스테르$$
$$\mid$$
$$OH$$

〈그림 5-2〉 인산과 인산에스테르·인산디에스테르

　DNA의 구조를 약간 설명하겠다. 단백질의 사슬에는 펩티드 결합에 의한 골격이 있고, 그것으로부터 20종류의 아미노산 곁사슬이 일정한 순서로 돌출하여 있었던 것과 비슷하게, DNA에서는 데옥시리보스의 인산디에스테르의 골격이 있어서 거기에 「염기」라고 불리는 그룹이 일정한 순서로 돌출해 있다. DNA의 염기에는 아데닌 (adenine: A), 구아닌(guanine: G), 시토신 (cytosine: C), 티민(thimine: T)의 네 종류가 있다(그림 5-3).
　이중나선이란 두 가닥의 사슬이 골격부분을 바깥쪽으로 하여 꼬여진 두 가닥의 나선인데 각 사슬의 염기는 안쪽으로 돌출해 있다(그림5-4). 네 종류의 염기 가운데 아데닌은 티민과, 구아

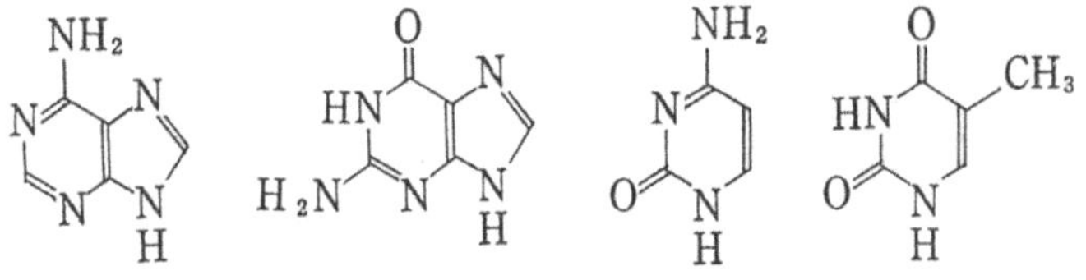

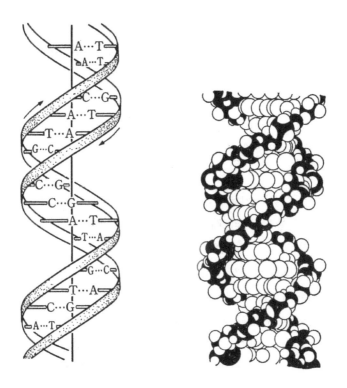

아데닌
(A)

구아닌
(G)

시토신
(C)

티민
(T)

〈그림 5-3〉 DNA의 4종류 염기

〈그림 5-4〉 DNA의 이중나선

닌은 시토신과 각각 사이가 좋다. 사이가 좋다는 의미는 이렇게 짝을 짜면 그들 사이에 수소결합을 몇 개나 만들 수가 있다는 것을 말한다. 이들의 쌍을 상보적 염기쌍이라고 부른다(그림 5-5).

그래서 DNA의 이중나선을 보면 한쪽 사슬의 염기가 아데닌이면 다른 한쪽 사슬은 티민이고, 한쪽이 티민이면 다른 쪽이 아데닌, 한쪽이 구아닌이면 다른 쪽이 시토신, 한쪽이 시토신이면 다른 한쪽은 구아닌으로 되어 있다. 두 가닥의 사슬은 마치 사진의 포지티브와 네거티브의 관계로 되어 있어, 한쪽 구조가 결정되면 상대방 사슬의 구조도 자동적으로 결정되어 버린다.

이것이야말로 생물의 가장 기본적인 특징인 자기복제(自己複製)의 비밀인 것이다. 세포가 분열할 때는 두 가닥의 DNA사슬이 갈라지고, 다시 각각의 주형(거푸집)으로 되어 새로운 상대방의 사슬이 합성된다. 그 결과 본래와 같은 DNA가 두 번 만들어진다.

왓슨과 크릭의 이중나선은 유전이라고 하는 생물의 가장 기본적인 현상을 분자의 레벨에서 멋지게 설명할 수 있다는 점에서 20세기 최고의 발견으로 평가되고 있다.

참고로 DNA의 1차 구조란 염기의 배열순서이고, DNA의 2차 구조는 이중나선 구조이다.

단백질의 아미노산 배열 정보는 DNA사슬의 염기 배열순서로서 저장되어 있다. 단백질의 아미노산은 20종류가 있으나 DNA의 염기는 4종류밖에 없다. 4종류밖에 없는 염기로써 20종류의 아미노산 배열을 어떤 방법으로 표현하고 정보를 저장하고 있을까—이것이 유전암호의 수수께끼 풀이이다. 이것에

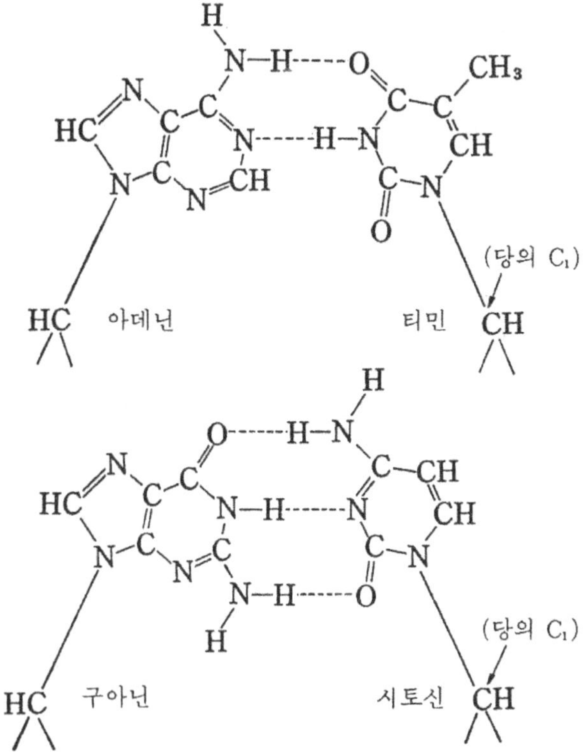

〈그림 5-5〉 상보적 염기쌍

대하여는 뒤에서 설명하기로 한다.

RNA—DNA와 단백질의 중개자

DNA와 단백질 사이의 정보전달을 중개하는 RNA는 기본적으로는 DNA와 비슷한 구조를 지니고 있다. 골격은 리보스(ribose)의 인산디에스테르로서 역시 4종류의 염기가 골격에서부터 돌출하여 있다. 4종류 중 아데닌, 구아닌, 시토신은 DNA

와 공통이고, 나머지 하나가 티민 대신 우라실(uracil: U)이다.

우라실은 티민과 비슷한 구조의 화합물로서 아데닌과 짝을 짤 수 있다. 그러므로 DNA로부터 RNA으로의 정보 전달은 DNA의 이중나선의 어느 한 가닥을 바탕으로 하여 아데닌을 우라실, 시토신을 구아닌, 구아닌을 시토신, 티민을 아데닌으로 전사하여감으로써 이루어진다. 이 과정이 전사(轉寫)인데, RNA 폴리머라제(polymerase)라는 효소가 촉매로서 작용한다.

단백질에 관한 정보를 DNA로부터 전사하여 온 RNA는 메신저 RNA라고 불린다. 메신저 RNA의 1차 구조는 DNA를 고스란히 전사한 것이지만 DNA와는 달리 2차 구조는 만들고 있지 않다.

RNA에는 이 밖에 리보솜의 구성요소인 RNA나 단백질 합성 때 아미노산을 운반하는 트랜스퍼(transfer) RNA 등이 있다. 이것들은 단백질의 합성에 관여하지만 단백질의 아미노산 배열 순서의 정보는 갖고 있지 않은 RNA이다.

유전정보의 번역

DNA로부터 RNA으로의 정보전달은 DNA와 RNA의 구조가 닮았기 때문에 염기의 쌍 형성을 생각해 보면 이해하기가 쉽다.

그러나 문제는 메신저 RNA의 정보를 어떻게 단백질로서 표현하는가에 있다. 구체적으로 말하면 4종류의 염기로 배열순서를 표현한 정보를 어떻게 20종류의 아미노산의 배열순서로 번역하느냐는 점이다. 다른 알파벳으로 쓰여진 문장을 글자 그대로 번역하지 않으면 안 되는 것이다.

큰 문제가 적어도 두 가지 있다. 하나는 RNA의 염기와 단백질의 아미노산 곁사슬은 화학구조상으로 매우 다르기 때문에 아데닌-티민(또는 우라실), 구아닌-시토신과 같은 상보적인 쌍을 간단히 상상할 수가 없다는 점이다. 훨씬 복잡한 준비와 장치가 필요할 것 같다.

둘째, DNA나 RNA의 염기는 단지 4종류인데, 단백질의 아미노산은 20종류나 있으므로 RNA의 염기와 단백질의 아미노산이 1:1로 대응할 수는 없다. 도대체 어떻게 되어 있는 것일까?

두 번째 점에 대해서는 실험적으로 해명되기 전부터 여러 가지 가설이 제출되었다. 과학계몽서의 저자로서 유명한 가모브(G. Gamow), 이중나선의 크릭은 이 문제에 관여하고 있었다.

염기 1개로서 아미노산 1개에 대응할 수 없는 것은 당연하다. 그렇다면 염기 2개로 아미노산 1개에 대응한다면 $4^2=16$으로, 20종류에는 아직도 부족하다. 염기 3개라면 $4^3=64$로 비로소 아미노산의 종류를 웃돌게 된다. 그러므로 염기 3개로써 구성되는 유전암호가 아미노산에 대응하고 있는 것이 아닐까 하고 생각되었다. 그러나 64로는 너무 많지 않느냐, 생물은 그런 낭비를 할 턱이 없다는 반대 의견도 있었다.

유전암호의 해독

실제로 유전암호 해독의 실마리가 된 것은 미국의 생화학자 니렌버그(M. W. Nirenberg)의 실험이었다. 1960년대 초의 일인데, 니렌버그는 시험관 속에서 단백질을 합성하는 실험을 하고 있었다. 시험관 속에서 단백질을 만든다는 것은 매우 어려운 일이다. 더구나 잘 되더라도 방사성의 아미노산을 사용해야 겨우 감지할 수 있을 정도의 매우 미량의 단백질밖에 만들지 못

UUU ⎫ 페닐 UUC ⎭ 알라닌 UUA ⎫ UUG ⎭ 루이신	UCU ⎫ UCC ⎪ 세린 UCA ⎬ UCG ⎭	UAU ⎫ 티로신 UAC ⎭ UAA 종지 UAG 종지	UGU ⎫ 시스틴 UGC ⎭ UGA 종지 UGG 트립토판
CUU ⎫ CUC ⎪ 루이신 CUA ⎬ CUG ⎭	CCU ⎫ CCC ⎪ 프롤린 CCA ⎬ CCG ⎭	CAU ⎫ 히스티딘 CAC ⎭ CAA ⎫ CAG ⎭ 글루타민	CGU ⎫ CGC ⎪ 아르기닌 CGA ⎬ CGG ⎭
AUU ⎫ 이소 AUC ⎬ 루이신 AUA ⎡AUG＊메티오닌⎤	ACU ⎫ ACC ⎪ 트레오닌 ACA ⎬ ACG ⎭	AAU ⎫ 아스파 AAC ⎭ 라긴 AAA ⎫ AAG ⎭ 리신	AGU ⎫ AGC ⎭ 세린 AGA ⎫ AGG ⎭ 알기닌
GUU ⎫ GUC ⎪ 발린 GUA ⎬ GUG ⎭	GCU ⎫ GCC ⎪ 알라닌 GCA ⎬ GCG ⎭	GAU ⎫ 아스파 GAC ⎭ 르트산 GAA ⎫ GAG ⎭ 글루탐산	GGU ⎫ GGC ⎪ 글리신 GGA ⎬ GGG ⎭

＊ 개시코

〈그림 5-6〉 유전암호표

한다.

니렌버그는 합성한 인공적인 메신저 RNA, 즉 염기가 우라실 뿐인 인공적인 RNA를 써서 어떠한 단백질이 인공적으로 만들어지는가를 조사했다. 결과는 매우 훌륭하여 페닐알라닌이 많이 연결된 단백질의 사슬이 만들어졌다. 즉, 우라실 3개가 연결된 U U U가 페닐알라닌의 유전암호인 것 같았다.

니렌버그의 실험은 큰 충격을 불러일으켰다. 유명한 생화학자 오초아(S. Ochoa: 1959년 노벨 의학·생리학상 수상)들도 이 문제에 참여하여 치열한 경쟁이 연출되면서 20종류의 아미노산에 대한 유전암호가 해독되어 갔다(니렌버그는 1968년에 노벨 의학생리학상을 수상했다).

3개의 염기로 구성된 유전암호는 코든(codon)이라고 불린다. 4×4×4=64가지 방법의 조합이 있는데, 그중 61개가 아미노산의 어느 하나의 코든으로 되어 있다. 나머지 3개는 단백질합성의 종지신호(종지코든)로 되어 있어, 이 코든이 있으면 단백질사슬이 끊어진다. 한편 단백질 사슬의 합성개시 코든도 있는데, 이것은 메티오닌(methionine)의 코든과 동일하다.

61개의 3문자 세트로 된 염기가 20종류의 아미노산에 대응하고 있기 때문에 어느 아미노산에 대하여는 복수 개의 코든이 있게 된다. 〈그림 5-6〉은 유전암호의 일람표인데 문자 세트의 염기 중에서도 최초의 2문자가 특히 중요하여, 암호의 결정권을 가지고 있는 경우가 많다.

유전 암호표는 어떤 생물에서도 공통이며 보편적인 것이리라고 믿어져 왔다. 그러나 아무래도 반드시 그런 것만은 아닌 듯하다는 것이 최근에 알려졌다. 이를테면 마이코플라스마(mycoplasma)라는 미생물에서는 UGA가 종지가 아니라 글루타민으로 읽혀진다는 사실을 알게 되었다고 한다. 그러나 이것들은 말하자면 매우 작은 변화일 뿐, 암호표의 기본은 지구 위의 모든 생물에게 공통이라고 해도 될 것 같다.

트랜스퍼 RNA—유전암호의 번역자

그러면 메신저 RNA 속의 암호대로 아미노산을 연결하여 단백질 사슬을 만드는 것은 어떤 메커니즘에 의한 것일까? 유전암호의 번역에 중요한 역할을 하는 것이 트랜스퍼(transfer) RNA라는 특수한 RNA이다.

트랜스퍼 RNA는 분자량이 3만 정도이고, 염기수로 보면 80개 정도의 작은 RNA이며, 각 아미노산에 대해 각각 특이한 것이 존재한다.

트랜스퍼 RNA의 분자 중에는 두 개의 중요한 부위가 있다. 하나는 유전암호 코돈과 상보적인(즉, 아데닌: 우라실, 구아닌: 시토신) 3문자 염기를 갖는 부분으로서 안티코돈(anticodon)이라고 불린다. 또 하나는 이 유전암호에 대응하는 아미노산을 결합하는 부위이다.

트랜스퍼 RNA에 특정 아미노산을 결합시키는 것은 한 무리의 효소의 작용이다. 생체 속에는 20종류의 아미노산에 각각 대응하는 효소가 존재하여, 아미노산을 특정 트랜스퍼 RNA에 결합시킨다. 만약 이 효소가 착오를 일으키면 번역에 미스가 생기게 된다.

실제로 단백질이 합성되는 장소는 리보솜(ribosome)이라고 불리는 입자 위이다. 리보솜은 크고 작은 두 개의 입자로 구성되어 있고, 각각의 입자는 RNA와 수많은 종류의 단백질로 이루어져 있다. 단백질 합성에 관여하고 있지 않을 때는 리보솜의 크고 작은 입자는 분산하여 존재하고 있다. 메신저 RNA와 작은 입자가 먼저 결합하고, 다음에 큰 입자가 결합하여 단백질의 합성이 이루어진다. 단백질 사슬의 펩티드 결합을 만드는 데는 에너지가 필요하며, 에너지를 공급하기 위한 물질이나 몇 가지 단백질도 단백질 합성공장의 중요한 구성요소이다.

프로세싱이 단백질 분자를 완성하다

유전자 DNA 속의 염기 배열순서는 메신저 RNA에 전사되고, 다음에 단백질의 아미노산 배열순서로 번역되는 것이 단백질 합성의 기본인데, 이것만으로 모든 단백질의 분자가 완성되느냐고 하면 반드시 그렇지만은 않다는 것을 알게 되었다.

단백질 중에는 본래의 사슬보다도 긴 사슬이 먼저 만들어지고, 그 뒤에 여분의 사슬부분이 잘려 나간 뒤에 단백질 사슬이 완성되는 것이 많이 있다.

대표적인 예는 인슐린이다. 지금까지 몇 번이나 나왔지만 호르몬의 일종인 인슐린은 A사슬, B사슬이라는 두 가닥의 사슬로 이루어져 있다. 이 A사슬, B사슬은 따로따로 만들어지는 것이 아니라 A사슬, B사슬을 포함하는 한 가닥의 긴 사슬(81개의 아미노산으로 구성된다. A사슬은 21개, B사슬은 30개의 아미노산으로 구성되어 있다)로서 먼저 만들어진다. 이 긴 사슬은 프로인슐린(proinsulin)이라고 불린다. 프로인슐린은 다음에는 단백질 분해효소의 작용에 의해 사슬 안의 일정한 장소에서 절단되어, 호르몬 작용을 지니는 인슐린으로 바뀐다.

왜 인슐린은 처음에는 프로인슐린의 형태로서 합성되어야만 할까? 앞에서 변성된 리보누클레아제가 천연의 입체구조로 되돌아가는 실험 이야기를 하였다. 그런데 두 가닥 사슬의 인슐린에서는 그렇게 되지 않는다. 디술피드 결합을 절단하여 변성시켜 버리면 다시는 재생하지 않는다. 한편 프로인슐린은 디술피드결합을 절단하여 변성을 시켜도 다시 본래의 구조로 돌아갈 수 있다고 한다. 즉, 정확한 인슐린의 입체구조를 만드는데 일단 프로인슐린의 형태로 하는 것이 필요한 것 같다.

콜라겐도 또 본래의 사슬보다 큰 프로콜라겐이라는 형태로서 합성되고, 그런 뒤에 여분의 사슬이 잘라내어진다. 세 가닥의

사슬이 모여서 세 가닥 나선구조를 갖는 콜라겐을 만들기 위해
서는 프로콜라겐의 사슬인 쪽이 편리한 것 같다. 콜라겐은 세포
속에서 만들어져 세포 바깥으로 분비되고, 세포 밖에서 섬유를
만들어 녹지 않는 상태로 된다. 세포 바깥으로 운반하기 위해서
는 잘 녹는 프로콜라겐 쪽이 편리할 것이라는 의견도 있다.

세포 밖으로 분비되는 단백질은 그 밖에도 몇 가지가 있다.
한편으로 세포 바깥으로는 절대 나가지 않는 단백질도 또 많이
있다. 세포의 바깥으로 나가는 단백질은 공통의 작은 사슬을
머리에 부착한 형태로 합성되고, 이것이 신호가 되어 막을 통
과하여 바깥으로 나간다는 사실을 알게 되었다. 그리고 신호
(signal)부분은 나중에 잘려 나간다.

따라서 콜라겐으로 말하면 먼저 만들어지는 것은 프레프로콜
라겐(preprocollagen)이라고 불리는 사슬이고, 다음에는 분비
신호 사슬이 잘려나가 프로콜라겐 사슬이 되고, 그것이 세 가닥
집합하여 여분의 사슬이 절단되면서 콜라겐 분자가 완성된다.

유전정보를 바탕으로 만들어진 사슬이 여러 가지 처리를 거
쳐서 단백질 분자로 완성되는 과정을 프로세싱(processing)이
라 부르고 있다.

번역 후 수식반응

프로세싱은 여분의 사슬만 잘라내는 것이 아니라 복잡한 화
학반응이 포함되는 경우가 있다.

단백질을 구성하고 있는 아미노산은 기본적으로는 20종류이
지만, 실은 단백질에 따라서 20종류 이외의 아미노산이 여러
가지 포함되어 있다는 것은 앞에서 말하였다.

번역 후의 수식이 중요하다

그런 예의 하나가 콜라겐 중의 히드록시프롤린(hydroxyproline) 이다. 콜라겐의 전체 아미노산의 10% 정도는 이히드록시프롤린 이다. 그러나 이미 설명하였듯이 64개의 유전암호는 모두 20 종류의 아미노산과 종지암호에 할당되어 있어, 히드록시프롤린 에 대한 유전암호는 존재하지 않는다. 그렇다면 콜라겐 사슬 속의 히드록시프롤린은 어떻게 하여 만들어지는 것일까?

히드록시프롤린은 프롤린의 유전암호에 따라서 먼저 프롤린 으로서 사슬 속으로 도입된다. 그리고 다음에 프로릴 히드록실 라아제(prolil hydroxylase)라는 효소의 작용에 의해 히드록시 프롤린으로 변환된다. 콜라겐 사슬 속의 히드록시프롤린의 존 재를 조사해 보면, 결코 무질서하게는 나타나지 않고 어떤 일 정한 장소에만 존재하고 있다. 이것은 마치 유전암호를 쫓아서 사슬 속에 짜넣은 것처럼 보이지만, 사실은 그렇지가 않고 효소가 아미노산 배열순서를 식별하는 힘을 지니고 있어서 특정 장소의 프롤린에만 작용하여 히드록시프롤린으로 바꿔놓은 것이다.

콜라겐의 세 가닥 나선을 체온보다 약간 높은 온도(40℃)로 가열하면 변성을 일으켜 파괴되어 버린다. 이것이 젤라틴(gelatin)이다. 즉, 과자의 재료가 되는 그 젤라틴이다. 지금 어떤 약물을 써서 프롤린으로부터 히드록시프롤린으로의 변환을 정지시킨 콜라겐을 만들어보면 이것은 체온보다 훨씬 낮은 온도(24℃ 정도)에서 변성하여 버린다. 생체에 있어서 이런 콜라겐이 쓸모가 없다. 즉, 히드록시프롤린의 존재는 체온에서도 안정된 콜라겐 분자를 만드는 데 도움이 되고 있는 것 같다.

단백질 사슬이 만들어지고 나서, 즉 유전암호가 번역된 뒤에 효소작용에 의해 사슬 속의 아미노산이 변화를 받는 반응을 번역 후 수식반응(修飾反應)이라 부르고 있다.

번역 후 수식반응에 의해 만들어지는 20종류 이외의 아미노산 종류는 매우 많아서 100종류가 넘는다고 한다.

단백질 중에는 사슬의 군데군데에 당이 결합한 것이 많이 있는데 당단백질이라고 불리는 것들이다. 이 당도 번역 후 수식반응으로 된 결과의 하나이다.

어떤 종류의 효소에서는 특정 아미노산이 인산에스테르화(→〈그림 5-2〉) 되어 있다. 이것도 번역 후 수식반응의 결과지만 이 반응은 보통 가역적(可逆的)이어서 인산에스테르를 잘라내는 효소도 있다. 인산에스테르의 존재는 그 효소의 활성에 큰 영향을 미친다는 것이 알려져 있다. 즉, 인산화와 탈인산이라는 두 가지 반응에 의해 효소의 활성 세기를 조절할 수 있는 것이다.

암화와 인산화의 관계에 대하여는 뒤에서 설명하겠다.

생명의 기원과 단백질

단백질은 DNA와 RNA의 정보를 바탕으로 만들어진다. 한편 DNA나 RNA를 만드는 데는 효소작용을 하는 단백질이 필요하다. 그렇다면 원시의 지구 위에서 생명이 탄생하였을 때, 단백질이 먼저 생겼을까? 핵산이 먼저 생겼을까? 바로 닭이 먼저냐 달걀이 먼저냐는 문제이다.

생명이 지구 위에 나타난 것은 약 35억 년 전의 일이라고 말한다. 그 무렵의 지상은 지금의 지구와는 상태가 달랐다. 공기에는 지금의 지구와 같은 산소가 없었고, 대부분은 수소가스였다고 말하고 있다. 한편, 물은 존재하여 원시의 바다를 만들고 있었다. 질소는 질소가스와 암모니아의 형태로, 탄소는 메탄이나 이산화탄소로서 존재하고 있었던 것 같다. 이와 같은 물질에 태양으로부터의 자외선, 번개(방전), 화산열 등이 작용하면서 갖가지 화학반응이 일어났을 것이다.

미국의 밀러(S. L. Miller)는 지금으로부터 30년쯤 전에 실험실 속에서 암모니아와 메탄 등의 혼합물을 방전시키면 아미노산이 만들어진다는 사실을 제시했다. 또 같은 조건 아래서 시안화수소나 포름알데히드와 같은 반응력이 강한 물질도 만들어지고, 이것들로부터 핵산의 염기나 당 등도 만들어진다는 것이 밝혀졌다.

원시의 바다 속에는 아미노산, 염기, 당 등 단백질이나 DNA, RNA의 원료물질이 녹아 있었다는 것은 충분히 상상할 수 있는 일이다. 그렇다면 그 후에 어떤 일이 일어났을까?

어떤 사람은 먼저 원시단백질이 나타났을 것이라고 생각한다. 원시바다 속에서는 아미노산이 여러 가지 원인으로(높은 온도나, 어떤 종류의 화학물질의 촉매작용 등) 펩티드 결합으로 연결되어 많은 종류의 원시단백질이 만들어졌을 것이라고 상상된다. 이 원시단백질 중에 어떤 것은 우연히 효소적인 촉매작용을 지니고 있어서 여러 가지 화학반응을 추진시킨 것이 아닐까 하고 생각된다. 실제로 실험실 속에서 이와 같은 원시 단백질을 만들어 낼 수 있다.

그러나 이 책에서 설명해 왔듯이 단백질이 효소작용 등의 기능을 갖기 위해서는 어떤 특정한 아미노산 배열순서가 필요하다. 만약에 원시지구 위에서 우연히 그와 같은 생명에게 적합한 원시 단백질이 만들어졌다 하더라도, 그 분자를 증식하고 복제하는 능력이 없으면 도저히 생명과 결부될 수 없을 것이다.

한편에서는 단백질보다 핵산이 먼저 만들어졌다는 견해도 있다. 원시유전자로서 현재와 마찬가지로 자기복제 능력을 갖는 DNA가 등장하여, 이윽고 단백질을 만들 수 있게 잘 진화되어 갔다고 생각하는 것인데, DNA만으로 자기 복제가 되느냐는 점에서 설명이 곤란하다.

그런데 최근에 와서 RNA가 생명기원의 주역이 아니었을까 하는 설이 등장하였다. 그것은 테트라히메나(tetrahimena)라고 하는 단세포동물에서 발견된 RNA의 하나가 RNA의 사슬을 잘랐다가 이었다가 하는 일종의 촉매작용을 가졌다는 것을 알았기 때문이다. 즉, 단백질에만 있다고 생각되고 있었던 효소적 작용을 RNA도 갖는 가능성을 알게 된 것이다.

우연히 이와 같은 RNA가 원시바다에 등장하여 사슬의 중합

(重合)이나 절단을 해 가면서 자기복제를 하고, 그러는 동안에
특정 아미노산을 연결하는 능력을 갖게 되었는지도 모른다.

만약 그렇다고 한다면 「생명」의 조대 주연배우는 RNA이었다
가 뒤에 단백질로 대체되었다는 것이 된다.

제6장
단백질을 바이오테크놀로지로 만든다

단백질은 화학적으로 합성할 수 있는가?

어떤 단백질을 손에 넣고 싶을 때는 그 단백질을 함유하고 있는 생물의 몸이나 조직으로부터 분리해 얻는 것이 일반적인 방법이다. 그러나 양이 미미하거나 재료를 얻기 어렵다거나 하는 곤란한 일이 따르는 경우도 많다. 원하는 단백질을 화학실험실 속에서 원하는 양만큼 인공적으로 합성할 수 있다면 그것은 참으로 편리한 일일 것이다.

그렇다면 화학자는 실험실에서 단백질을 만들어 낼 수가 없을까?

단백질은 어떤 아미노산의 아미노기와 다른 아미노산의 카르복시기가 펩티드 결합을 형성하여 구성되어 있다. 아미노산의 아미노기와 카르복시기를 반응시켜 펩티드 결합을 만드는 것은 그렇게 어려운 일이 아니다. 축합제(縮合劑)라고 불리는 화학시약이 여러 가지 있는데, 이것을 사용하면 아미노기와 카르복시기로부터 물을 제거하여 펩티드 결합을 만들 수가 있다.

그렇지만 지금 글리신의 아미노기와 알라닌의 카르복시기를 반응시켜 글리실알라닌을 만들고 싶다고 하자. 글리신과 알라닌을 축합제와 함께 반응시키면 글리실알라닌이 만들어지지만 동시에 알라닐글리신도 만들어지고 글리실글리신, 알라닐알라닌도 만들어진다. 그뿐만 아니다. 아미노산 2개뿐만 아니라 3개, 4개, 5개……로 사슬이 긴 것도 만들어진다. 아미노기와 카르복시기를 무차별로 반응시키면 여러 가지 것이 생성되어 도저히 목적하는 물질을 합성할 수 없게 된다.

그러면 어떻게 하면 될까? 미리 글리신의 아미노기와 알라닌의 카르복시기는 반응하지 못하게 막아두고(보호기라고 불리는 그름을 부착시켜 비활성으로 하여 둔다) 반응을 시키면 된다. 그렇게 하면 글리신의 카르복시기와 알라닌의 아미노기와의 사이에서만 펩티드 결합이 형성된다. 그렇게 하고나서 막아두었던 보호기를 제거해 주면 글리실알라닌이 만들어지는 것이다.

편리한 보호기(保護基)가 여러 가지로 개발되어 단백질과 같은 긴 사슬을 인공적으로 만들 수 있게 되었다. 그러나 반응단계가 많고, 더구나 도중에 생기는 부산물을 하나하나 가려내어야 하기 때문에 굉장한 노력과 시간이 걸린다.

리보누클레아제라고 하는 124개의 아미노산으로 구성되어 있는 단백질을 인공적으로 합성한 연구자들이 있다. 그 논문에는 23명의 연구자가 연명으로 되어 있어, 바로 인해전술(人海戰術)이라고 할 만하다. 최종적으로 만들어진 누클레아제는 고작 0.05mg이었다고 한다.

고상합성법

1963년 미국의 화학자 메리필드(R. B. Merrifield)는 고상법(固相法)이라는 새로운 방법을 고안하여 온 세계를 깜짝 놀라게 하였다.

이 방법은 합성 폴리머(polymer: 중합체) 위에 사슬을 고정시켜 연장을 하기 때문에 중간체를 일일이 끄집어 낼 필요가 없다. 합성의 수고와 시간이 획기적으로 축소되었다. 1962년에 리보누클레아제가 이 방법으로 합성되었는데 그 논문에는 메리필드와 또 한 사람의 연구자, 모두 두 사람의 이름이 있을 뿐이었다. 더구나 25mg이나 얻어졌다고 한다. 메리필드는 1984년에 노벨화학상을 수상했다.

현재는 이 방법을 응용한 자동 펩티드 합성기까지 시판되고 있어, 50개 정도의 사슬이면 수주면 된다고 한다.

그러나 고상합성법도 장점만 있는 것이 아니다. 일일이 중간 합성물을 끄집어 내지 않기 때문에 조금씩 부산물이 쌓여 최종 물질 속에 섞여 버린다. 이 중에서 목적물을 순수하게 가려내는 것이 어렵다.

사슬이 길고 큰 단백질인 경우에는 화학합성은 더욱 곤란해진다. 도저히 생물의 합성능력에는 따르지 못하는 것이다.

그래서 유전자 공학이 등장한다.

유전자 공학의 등장

1973년에 미국의 버그(P. Berg), 코엔(S. Cotien), 보이억(P. D. Boyer)가 DNA를 인공적으로 재조합하는 방법을 고안하면서 바이오테크놀로지(biotechnology) 시대가 시작되었다.

일본의 한 학자는 「영국에서 왓슨과 크릭에 의해 DNA의 이중나선이 고안된 것은 1953년의 일이었다. 그로부터 꼭 20년이 지나 바다 건너 미국에서 이러한 대발견이 이루어진 것은 주목할 만한 값어치가 있다」고 말했다. 그렇다고 하면, 또 20년 후인 1993년에는 「이번에는 아시아에서 아마 일본에서 바이오 사이언스의 획기적인 발견이 이루어지지 않겠느냐」고 덧붙였다.

어쨌든 DNA 재조합법의 개발에 의해 어떤 유전자를 잘라내어 다른 생물의 유전자 속으로 이식할 수 있게 되었다. 이 기술의 바탕이 되는 것은 먼저 제한효소라고 불리는 한 무리의 효소로서, DNA 중 특성 염기배열을 식별하여 절단하는 효소이다. 즉, 이것이 가위인 것이다. 다음에는 DNA 리가제라는 DNA의 사슬을 연결하는 효소로서 말하자면 접착제(풀)이다. 셋째는 목적하는 DNA 단편을 다른 생물의 세포 속으로 운반해 주는 벡터(vector)라고 불리는 운반자 DNA이다. 접착제와 가위를 잘 사용하여 목적하는 유전자를 벡터 속에 삽입하는 것이다.

이와 같이 하여 어떤 유전자를 바깥으로부터 생물 속으로 옮길 수 있게 되었다. 그러므로 인간에게 쓸모 있는 동물 단백질의 유전자를 성장이 빠르고 자꾸 증식시킬 수 있는 미생물 속으로 옮겨주면, 대량생산의 가능성이 있다. 실제로 몇 가지 단백질이 실용적으로 생산되고 있다.

이를테면 성장호르몬이 그러하다. 이 호르몬이 부족할 경우, 키가 자라지 않고 소인증(小人症)이 되어 버린다. 소인증의 치료에는 성장호르몬의 투여가 필요하다. 그러나 이 호르몬은 인간의 뇌하수체에서부터 얻는 이외에는 방법이 없었다. 그렇기 때문에 죽은 사람의 뇌하수체로부터 만들어졌는데 이것으로는 양에 한도가 있다. 더구나 일본에서는 만들어지지 못하여 스웨덴이나 덴마크 등으로부터 수입에 의존하고 있었다. 게다가 프라이언(prion: 1982년에 미국의 프루시너(S. Pmsiner) 박사가 발표)이 혼입되어 뇌의 병이 되는 가능성까지 지적되고 있었다. 그러나 지금은 성장호르몬을 대장균으로 생산하는 방법이 계획되어 바야흐로 실용화가 시작되고 있다.

유전자공학의 문제점

그러나 유전자공학을 사용하면 인간이 원하는 단백질을 어떤 것이든 미생물에게 만들게 할 수 있느냐고 하면 반드시 그런 것은 아니다.

그것은 어떤 단백질의 유전자를 세균에 옮기면 세균은 그 정보에 따라 아미노산을 연결한 사슬을 만들어 주지만, 프로세싱이나 번역 후 수식반응까지는 해주지 않기 때문이다. 세균은 프로세싱이나 번역 후 수식에 관계하는 효소를 더불어 갖고 있지 않기 때문에 어쩔 수가 없다. 그러므로 매우 단순한 단백질의 경우는 잘 되더라도 잘 안 되는 경우도 많이 있을 것 같다.

예를 들어 황체 형성 호르몬, 갑상선 자극 호르몬 등은 당을 포함하는 단백질로서 이 당은 단백질 사슬이 완성된 뒤에 효소의 작용에 의해 특정 위치의 아미노산에 결합한 것이다. 이 당은 활성과 관계가 있는데, 이들 호르몬의 단백질 분자에 당이 없으면 호르몬으로서의 작용이 없다. 따라서 미생물에 단백질의 사슬부분을 고스란히 만들게 하여도 활성이 없는 단백질이 얻어질 뿐이다.

당을 함유하는 단백질 중에는 당이 생리활성과 겉보기로는 관계가 없는 것이 있다. 즉, 당이 없더라도 생리활성은 있다. 그러나 당이 없거나 불완전하면 동물체에 투여하였을 때 완전한 단백질보다 훨씬 빠르게 혈액 속으로부터 없어져 버리는 경우가 알려져 있다.

이를테면 셀룰로플라스민(celluloplasmin)이라는 단백질을 동물에게 투여하면 70분 후에도 처음 농도의 80%가 유지되고 있었다. 그런데 시알산(sialic acid)이라는 당부분을 뺀 셀룰로플라스민의 경우는 투여 10분 후 처음 농도의 불과 6%로까지 감소하였다고 한다. 시알산이 없는 단백질은 금방 간에서 포착

되어 파괴된 것이다.

또, 미생물에 인간이나 동물의 유용한 단백질을 만들게 했을 때, 미생물이 그것을 몸 바깥으로 분비해 버리면 분리할 때 편리하다. 분비시키는 데는 분비신호를 붙여 둘 필요가 있다. 그러나 이 정도의 일도 현재로는 잘 되어 있지 못하다.

그러므로 미생물에게 만들게 하기보다는 역시 동물, 특히 인간의 세포를 시험관 속에서 배양하여 만들게 하는 편이 낫다고 하는 의견도 있다. 때문에 동물 세포의 대량 배양 연구가 활발하게 이루어지고 있다.

또 목적하는 단백질을 다른 단백질과 구분하여야 하는데, 공업적인 규모로서 단백질을 구분하는 일도 의외로 어려움이 많을 것 같다.

단백질 공학—제2세대의 바이오테크놀로지

요즘 흔히 듣는 말에 단백질 공학이니 프로테인 엔지니어링이라는 것이 있다. 제2세대 바이오테크놀로지라는 선전이다. 이것은 1983년에 미국의 울머가 제창한 것으로 인간이 희망하는 특징을 가진 단백질을 설계하려는 학문이다. 바꿔 말하면 천연적이 아닌 쓸모 있는 단백질의 합성을 겨냥하는 셈이다.

예를 들어 어떤 효소를 이용하는 데 있어, 천연의 것보다 더 안정되고 온도가 높은 곳에서도 작용할 수 있는 것이 있으면 좋을 것이다. 또 기질의 특성을 확장하여 다른 기질에도 작용해 주었으면 싶은 경우가 있다. 그럴 때 천연 효소의 단백질 모델을 변경하여 원하는 성질의 것을 만들 방법이 없을까?

이와 같은 발상을 하게 된 것은 유전자 공학에 의해 천연의 것과는 다른 아미노산 배열순서를 가진 단백질을 만들 가능성이 생겨났고, 단백질 입체구조의 연구가 더욱 진전되었으며, 또 컴퓨터 그래픽의 기술이 진보하여 입체구조를 쉽게 볼 수 있도록 되었기 때문에 가능하다. 트립신이라는 효소가 있다. 이 효소는 단백질을 분해하는 효소로서 췌장에서 만들어지고 장에서 분비되어 음식물 속의 단백질 소화에 도움이 된다. 이 효소는 매우 엄밀한 특성을 지니고 있어서 단백질 중의 리신 및 알기닌이 있는 곳에서 사슬을 절단한다. 그러므로 이 효소가 단백질의 1차 구조 연구에 이용된다는 것은 이미 앞에서 설명했다.

이 효소의 아미노말단에서부터 세어서 216번째가 글리신이다. 이 글리신을 알라닌으로 바꾸었더니 아르기닌에서보다 잘 절단하게 되었다. 한편 아미노말단으로부터 세어서 226번째도 글리신인데, 이 글리신을 알라닌으로 바꾸자 거꾸로 리신이 있는 곳을 더 잘 절단하게 되었다고 한다. 즉, 단백질 사슬의 모델을 약간 교체함으로써 기질 특이성을 조금이기는 하지만 변화시킬 수가 있었던 것이다.

다른 예는 엘라스타제 인히비터(elastase inhibiter)라는 단백질이다. 엘라스틴(elastin)은 구조단백질의 하나로 허파나 대동맥 등 신축하는 기관에 많이 있다. 엘라스틴을 파괴하는 효소가 엘라스타제이며 췌장에도 있고, 혈액 중의 백혈구 속에도 있다. 허파 등의 엘라스틴을 포함하는 조직은 쉽사리 엘라스타제로 파괴되어서는 곤란하다. 그러나 엘라스타제의 작용을 정지시키는 물질이 있기 때문에 보통 이 효소에 의한 파괴로부터 보호되고 있다. 이것이 엘라스타제 인히비터이다.

그런데 담배를 피우면 이따금 허파의 엘라스틴 기능이 파괴

자유롭게 단백질을 디자인하는 시대가 올지도 모른다

되어 버린다는 것이 잘 알려져 있다. 그 원인의 하나는 담배연기에 의해 엘라스타제 인히비터가 못쓰게 되는데 있는 것 같다. 엘라스타제 인히비터 분자 중의 메티오닌이라는 아미노산이 담배연기에 의해 산화되기 때문이라고 말하고 있다. 따라서 이 메티오닌을 발린(valine)으로 대체한 엘라스타제 인히비터를 만들었더니, 담배연기에도 파괴되지 않는 것이 만들어졌다고 한다.

또 하나의 예를 들면, 세균의 세포벽을 녹이는 리조짐이라는 효소가 있는데 이것의 모델을 변경한 결과, 훨씬 열에 강한 효소가 만들어졌다고 한다.

이러한 예들을 보아서도 알 수 있듯이, 이 분야의 연구는 이

제 겨우 갓 출발한 상태이며 인간이 원하는 대로 연달아 새로운 단백질이 만들어지고 있는 것은 아니다. 현재 어떤 모델을 교체하면 단백질의 입체 구조가 어떻게 바꿔지고, 그 결과로 성질이 어떻게 변화하느냐는 기초 데이터가 수집되고 있다.

앞으로 전혀 새로운 설계도에 따라서 새로운 단백질이 디자인되고 인간생활에 도움을 주는 시대가 올 것이다.

제7장
단백질은 생체 내에서 끊임없이 교체되고 있다

왜 단백질을 먹을 필요가 있는가?

단백질은 몸속에서 다채로운 활동을 하고 있고, 생명활동의 담당자로서 매우 중요한 물질이라는 것은 여러 번 강조해 왔다. 그러나 중요한 작용을 하고 있다고 하여 그것을 먹지 않으면 안 된다는 것은 아니다.

우선, 성장이 왕성한 아이들이나 배 속에 아기를 가진 여성을 제외하면, 몸이 자꾸 커져야 할 일이 없으므로 나날이 단백질을 먹을 필요가 없는 것처럼 생각된다.

둘째로 단백질을 다른 음식물을 재료로 하여 만들 수가 있다면 따로 단백질 자체를 먹을 필요가 없을 것이다. 실제로 단백질과 견주어지는 또 하나의 중요한 물질인 DNA와 RNA 같은 핵산은 우리가 특별히 먹어야 할 필요는 없다.

그러나 우리는 나날이 상당한 양의 단백질을 먹지 않으면 안 된다. 그 첫 번째 이유는 성인의 몸이 외관상으로는 커지지 않고 또 몸속의 단백질 총량도 변하지 않지만, 몸속의 단백질은 끊임없이 분해되고 있어서 이것을 보충하지 않으면 안 되기 때문이다.

둘째는 단백질은 녹말이나 지방과는 달리 질소를 함유하는 화합물이기 때문에 아무리 탄수화물이나 지방질을 먹어도 보충될 수가 없기 때문이다.

단백질의 대사회전

단백질은 몸속에서 끊임없이 파괴되는 한편, 새로이 만들어져서 교체가 이루어지고 있다. 이 현상을 대사회전(代謝回轉: turn over)이라 부르고 있다.

정·재계의 거물

반감기
30년?

인기가수

반감기
1년?

단백질에는 대사회전이 빠른 것도 느린 것도 있다
—세상에는 비슷한 일이 있을 듯하다

　대사회전의 속도는 각 기관(器官)의 단백질에 따라서 다르다.
또 동물에 따라서도 다르다. 단백질의 절반이 파괴되는 시간을
반감기(半減期)라고 부르고 있는데, 어떤 책에 따르면 쥐의 경
우 간의 단백질은 대부분이 반감기가 0.9일이라고 한다. 또 신
장의 단백질 반감기는 대부분 1.7일이고, 심장에서는 4.1일이
라고 한다.

　그런데 다른 책을 보면 간의 단백질 반감기는 4~12일이고,
신장은 11일이라는 데이터도 있다. 어쨌든 간, 심장, 신장 등
의 단백질은 대부분이 매우 빠른 속도로 대사 회전하여 교체가
일어나고 있다.

　한편 피부, 근육, 뼈 등의 단백질은 대사회전이 느린 것이 많

다. 특히 피부나 근육의 주성분인 콜라겐의 반감기는 쥐의 경우 약 30일이라고 말하고 있다. 쥐의 수명은 대충 2년이니까, 콜라겐은 일생 동안에 별로 교체가 일어나지 않는다는 것이 된다. 눈의 수정체 중의 단백질이나 어떤 종류의 뇌 단백질 등도 반감기가 매우 길다.

또 일반적으로 큰 동물일수록 치환(置換)이 느리다. 근육의 단백질인 경우, 쥐에서는 반감기가 11일이지만 인간에서는 180일이라고 한다. 인간의 수명은 약 80년으로 쥐의 수명보다 훨씬 길다. 인간 몸속의 콜라겐의 일부나 눈의 수정체 단백질 등은 아마 매우 긴 세월 동안 몸속에 존재해 있을 것으로 생각되고 있다.

왜 대사회전을 하는가?

모처럼 만든 중요한 단백질을 파괴해 버리고 다시 새로이 만든다는 것은 낭비인 것처럼 보인다. 왜 대사회전, 즉 턴오버를 하고 있는가를 생각해 보자.

단백질 중에는 언제나 일정량이 필요한 것도 있으나 필요한 양이 시간에 따라서 다른 것도 있다. 예를 들면, 음식물의 소화 흡수에 관계하는 효소는 식사 후에는 많이 필요하지만 공복 때는 그다지 필요치 않다.

실제로 몸속의 여러 가지 효소의 양은 약 24시간의 주기로 늘었다줄었다 하고 있다. 특히 일련의 반응에 종사하는 몇 가지 효소가 있을 때, 반응 전체의 진행 속도를 결정하는 열쇠로 되어 있는 효소가 이러한 변동을 한다. 또 식사나 수면 등의 행동주기와 밀접하게 관련되어 그때마다 필요한 에너지나 물질의 수요와 공급 상황에 따라서 변동하고 있는 것이다.

이와 같은 양적인 변동이 생기는 것은 그 단백질을 신속하게 파괴하는 메커니즘과 만드는 메커니즘이 존재하기 때문이다.

이것과 비슷한 상황이지만 단백질 중에는 '1회용'인 것도 있다. 이를테면 어떤 정보를 세포에 전달하는 역할을 지닌 단백질은 세포에 정보를 전달한 뒤는 재빠르게 소멸될 필요가 있다. 다음 번 정보를 전달하기 위해서 언제까지고 그 장소를 막아놓고 있어서는 안 되는 것이다. 금방 소멸되는 한편, 다른 장소에서는 새로이 만들어져야 하는 것이다.

단백질이 대사회전을 하지 않으면 안 되는 또 하나의 이유는 몸속에서 단백질 분자가 시간과 더불어 변성하여 입체 구조가 바뀌어 버리거나, "더러워지거나" 하여 쓸모없게 되어 버리기 때문일 것이다. 이것은 우리가 일상에서 쓰는 가구나 의복, 자동차 등과 같은 사정이다. 물건을 쓰고 있는 동안 더러워지거나 닳거나 부수어져서 새로운 것을 사서 바꾸고 싶어지는 것이다.

단백질이 "더러워지는" 현상의 하나로 비효소적 수식 반응이 있다. 앞에서 번역 후 수식반응이라는 이야기가 나왔다. 이것은 단백질의 사슬이 완성된 뒤에 효소에 의해 아미노산의 곁사슬에 모델 변경이 일어나는 반응이다. 아미노산에 당이 붙거나, 인산이 붙거나, 수산기가 붙거나 하면 그 단백질의 구조와 작용에 큰 영향을 준다는 것을 말했다. 이것들은 효소에 의한 반응이다. 그런데 효소가 없는데도 다시 말해 생물에게는 그런 의사가 없는데도 화학반응이 일어나서 단백질 사슬 중의 아미노산에 모델 변경이 일어나는 일이 있다. 이것이 비효소적 수식반응이다.

효소가 관계하지 않기 때문에 대개는 느릿한 반응이지만 시간과 더불어 차츰차츰 일어난다. 이를테면 단백질 중의 글루타민이나 아스파라긴에서는 여기에서부터 암모니아가 빠져나가서 파괴되는 반응이 조금씩 일어난다는 것이 알려져 있다. 단백질 중의 아스파르트산은 시간과 더불어 입체 구조가 바뀌어 D형으로 변환하거나 한다. 또 몸속에 있는 포도당이 단백질 속의 리신과 반응하여 여러 가지 화합물을 생기게 한다.

인간의 콜라겐이나 수정체의 단백질과 같이 치환(置換)이 느려서 오랫동안 몸속에 존재하는 단백질은 이와 같은 반응을 여러 가지로 받아서 몹시 더러워진다. 이와 같은 오염은 인간의 노화와 어떤 면에서 깊은 관계가 있는 것으로 생각된다.

대사회전하는 단백질은 어떻게 하여 분해되는가?

음식물로서 먹은 단백질을 분해하여 흡수하는 데는 무차별로 어느 단백질의 어느 펩티드 결합이건 모조리 절단하여 아미노산으로 만들어 버리면 된다. 이 방법은 뒤에서 설명하기로 한다. 그런데 몸속에서 단백질이 대사회전을 할 때는 사정이 전혀 다르다. 파괴하여야 할 단백질만을 파괴하고 나머지는 그대로 두지 않으면 안 된다. 파괴해야 할 단백질을 식별하여 이것만을 파괴하는 것은 생각해 보면 매우 어려운 일로서 정밀한 메커니즘을 필요로 할 것 같다. 실제로 그런 점에 대해서는 아직 충분하게 해명되지 않고 있다.

가장 간단할 것 같은 방법은 변성을 하여 입체구조가 파괴된 단백질의 경우이다. 이것은 규칙적인 입체구조의 것보다 단백질 분해효소의 작용을 훨씬 더 받기 쉬울 것이라고 생각되기 때문에 특별한 메커니즘이 없더라도 신속하게 파괴될 것으로 예상된다. 비효소적 수식을 받은, 즉, "더러워진" 단백질도 그 "오염"이 표지가 되어 파괴되는지도 모른다. 그러나 훨씬 더 정교한 메커니즘도 존재하는 것 같다.

파괴하려고 생각하는 단백질에 표지가 되는 물질을 먼저 결합시키고 그 표지를 사용하여 분해한다는 생각이 있다. 이 분해의 표지가 되는 물질은 유비키틴(ubichitin)이라는 단백질의 일종으로 박테리아에서부터 고등동물까지 널리 분포하여 있다. 유비키틴을 파괴하려는 단백질을 결합시키는 데는 에너지가 필요하다. 도회지에서는 쓰레기 처리에 많은 비용이 쓰여지고 있듯이, 몸속의 불필요한 단백질의 분해에도 그 만한 보상을 치뤄야만 하는 것 같다.

실제로 단백질을 분해하는 준비에는 크게 나누어 두 가지가 있다. 하나는 리소좀(lysosome)에 의한 분해이다. 리소좀이란 세포 중에 있는 입자모양의 구조체로서 그 속에 단백질을 비롯하여 여러 가지 생체분자를 가수분해(加水分解) 하는 효소가 30종류 정도 고농도로 존재해 있다.

혈액 속의 불필요한 단백질은 세포 속으로 흡수되어 이 리소좀에 의해 분해되는데, 세포 속의 불필요한 물질도 리소좀에 흡수되어 분해된다. 그런데 세포가 죽으면 리소좀의 효소가 바깥으로 방출되어 무차별하게 분해를 시작한다. 그 결과 이른바 세포의 자기소화(自己消化)가 일어난다.

한편, 리소좀에 의하지 않는 단백질의 분해과정도 있는 것 같다. 특히 매우 신속하게 대사회전하는 단백질의 분해는 리소좀 속에는 없는 단백질 분해효소에 의한 것이라고 말하고 있다.

어떤 과정이든 단백질은 작게 절단되어 마지막에는 아미노산으로까지 분해된다. 이 아미노산의 일부는 재순환되어 다시 단백질 합성에 사용되는데, 일부는 질소 분자가 제거되어 탄소부분만 당이나 지방으로 변환되거나 생체 내의 연료가 되거나 한다. 질소 부분은 요소로 변환되어 배설된다.

즉, 단백질의 대사회전에 즈음하여 아미노산이 감량된다. 이 몫을 우리는 식사로써 보충할 필요가 있다. 성인의 경우는 하루에 200~300g의 단백질이 몸속에서 분해되는데 그 중의 약 70g을 음식물로부터 보급할 필요가 있다.

식품 속 단백질의 소화와 흡수

음식물로서 먹은 단백질은 먼저 위에서 펩신이라는 단백질 분해효소의 작용을 받는다. 위 속에는 염산이 분비되고 있어, 강한 산성상태(pH2 정도)로 되어 있다. 펩신은 보통의 효소와는 달리 강한 산성 상황 아래서 가장 강한 활성을 나타낸다. 또 이 강한 산성 상태에서는 대부분의 단백질이 변성을 하여 입체구조가 파괴되어 버린다. 규칙적인 입체 구조가 파괴되면 일반적으로 단백질 분해효소의 작용을 받기 쉬워진다.

다음으로 음식물은 십이지장으로 보내져 췌액(腺液)과 섞여지고, 췌액에 있는 탄산수소나트륨에 의해 위액의 산이 중화된다. 또 췌액에는 트립신, 키모트립신, 카르복시펩티다제 등이 있다. 이것들은 중성 상황 아래서 작용하는 분해효소이다. 음식물은 소장으로 진행하고, 이 사이에 미세하게 절단되어 아미노산이나 아주 작은 펩티드로 된다. 그리고 소장의 점막으로부터 흡수된다.

소장의 세포에서도 펩티드는 분해된다. 그리고 생성된 아미노산은 혈액과 섞여 간으로 운반된다.

이것이 대강의 줄거리인데, 단백질 상태 그대로 소장으로부터 흡수되는 일이 있다는 것도 최근에 알게 되었다. 그러나 영양상의 견지에서는 문제가 안 되는 양인 것 같다.

체내에서 합성할 수 없는 필수아미노산

기본적으로는 섭취한 단백질은 아미노산으로까지 분해된 후에 흡수된다. 그러므로 식품으로서 정말로 필요한 것은 단백질이 아니라 아미노산이다.

단백질을 만드는 아미노산은 20종류가 있다. 그중 인간은 트립토판, 메티오닌, 리신, 페닐알라닌, 루이신, 이소루이신, 발린, 트레오닌 등 8종류의 아미노산은 합성할 수 없다(히스티딘을 이 무리에 넣는 때도 있다). 따라서 이들 아미노산은 음식물로부터 섭취할 필요가 있기 때문에 이들을 특히 필수아미노산이라 부르고 있다.

이 이외의 아미노산은 재료, 즉 탄소골격의 바탕이 되는 화합물과 아미노기의 바탕이 있으면 체내에서 합성할 수 있다.

좋은 식품단백질이란?

우선 필수아미노산을 충분히 함유하고 있어야 한다. 예를 들어 밀의 저장단백질인 글루텐(gluten)을 유일한 단백질원으로 하여 쥐를 사육해 보면 잘 성장하지 않는다. 이것은 필수아미노산인 리신과 트레오닌이 부족하기 때문이다. 그러나 우유의 저장단백질인 카제인(casein)을 글루텐 대신으로 같은 양만큼 주면 동물은 잘 성장한다.

　필수아미노산이 아닌 아미노산은 필수적이 아니라고 하더라도 필수아미노산만으로는 동물이 잘 성장하지 않는다. 필수아미노산으로부터 필수가 아닌 아미노산을 만드는 속도는 보통은 그렇게 빠르지 않기 때문에 그것들을 충분히 공급할 수 없게 되어 버린다. 그러므로 필수가 아니라고 하여 불필요한 것은 아니며 이들 아미노산도 적당한 양이 포함되어 있을 필요가 있다.

　이러한 면에서 생각하면 달걀이나 우유 등은 매우 좋은 단백질원이다.

제8장
단백질의 이상이 병을 일으킨다

단백질은 모든 생명활동의 직접적인 담당자이기 때문에 단백질에 이상이 있으면 질병과 결부된다. 여기서는 질병과 단백질의 관계에 대해 몇 가지 예를 소개하겠다.

8-1. 헤모글로빈과 분자병

낫세포 혈구빈혈증

질병과 단백질 분자와의 관계가 해명된 고전적인 예로는 낫세포 혈구빈혈증(鎌狀赤血球貧血症)이 있다. 이것은 아프리카와 미국의 흑인에게서 많이 발생하는 병으로 멘델의 법칙에 따라서 유전한다. 대립되는 유전자 양쪽이 모두 병원(病原) 유전자를 가진 사람은 젊어서 죽는다. 그러나 한쪽만 병원 유전자를 가진 사람은 마취를 받거나, 심한 운동을 하거나, 높은 곳에 올라가거나 하면 빈혈증상을 일으키고 가슴이나 배에 심한 통증을 느낀다고 한다.

이런 환자를 조사해 보면 산소 농도가 낮아질 때 그들의 적혈구 모양이 이상하게 된다. 정상적인 적혈구는 양면이 오목형으로 된 원반모양으로 지름이 $6 \sim 9\mu m(10^{-6}m)$이고, 두께가 $2 \sim 2.5\mu m$의 크기인데 부드럽고 유연성이 있으며 형태를 바꿀 수 있기 때문에 가느다란 모세혈관도 통과할 수 있다. 그런데 낫세포 혈구빈혈증 환자의 적혈구는 산소가 낮은 상태에서는 낫 모양 또는 초승달 모양이 되고 유연성을 상실하게 되어, 그 때문에 모세혈관을 통과하지 못하고 거기서 막혀버리는 것이다.

아빠, 제 머리가 벗겨진 것도 유전이에요?

낫세포 혈구빈혈증은 유전병이다

헤모글로빈 S

1949년에 폴링(이 사람의 이름은 앞에서 여러 번 등장했다)과 이타노(H. Itano)는 이 질병에 걸린 환자의 헤모글로빈 분자는 이상이 있기 때문에 정상인의 헤모글로빈과 전기영동법으로 구별할 수 있다는 것을 발견했다. 낫세포 혈구빈혈증의 이상 헤모글로빈은 헤모글로빈 S라고 명명되었다.

5년 후에 잉그램(V. Ingram)은 헤모글로빈 S의 β-서브유닛 사슬의 아미노말단에서부터 세어서 6번째의 아미노산이 정상적인 것과는 다르다는 사실을 발견하였다. 즉, 정상 헤모글로빈에서는 글루탐산인데도 발린으로 바뀌어져 있었던 것이다.

약 150개가 있는 아미노산 가운데 단 한 개의 아미노산이 달라진 것이다. 글루탐산이 발린으로 바뀐 것만으로 헤모글로빈 분자의 입체구조가 크게 바뀌어 버린 모양이다. 산소를 방출한 상태의 헤모글로빈 S는 중합(重合)하기 쉬워지고, 적혈구

속에서 침전 또는 젤 모양이 된다. 그 결과 이것이 막대처럼 뻗쳐지기 때문에 적혈구는 변형을 하여 초승달 모양으로 되고 또 유연성을 상실하는 것 같다.

단백질 분자의 1차 구조 변이가 질병과 분명히 결부된다는 것을 알았기 때문에 분자병(分子病)이라는 사고방식이 생겨났다.

낫세포 혈구빈혈증 환자는 밀라리아 발생지에 많다. 이 사람들은 어떤 까닭인지 말라리아에 대한 저항성이 있다. 그래서 자연도태(自然陶汰)에 약한 이 사람들은 살아남아 있다. 여태까지에 300건 사례 이상이 발견되고 있다고 한다. 그 대부분은 분자 중 그리 중요하지 않은 부분에서 치환이 일어나고 있으므로 헤모글로빈의 기능에 영향을 주지 않고, 따라서 비정상적인 이상한 임상적(臨床的) 증상은 나타내지 않는다.

8-2. 암과 단백질

암세포

암은 무서운 병이다. 일본에서는 1985년에 약 19만 명의 사람이 암으로 사망하여 사망 원인에서 수위를 차지하고 있다.

암은 세포가 이상을 일으켜 생긴 것이다. 어떤 상태로 이상을 일으키는지 보면 하나는 증식을 조절하는 기능을 상실하여 무한정으로 증식하고 있고, 또 하나는 제멋대로 이동하여 다른 조직으로 전이(轉移)하고 있다. 즉, 정상적인 세포는 제멋대로 분열하여 증식하거나 돌아다니거나 하지를 않는다. 세포의 활동은 엄밀하게 조절되고 있다. 그러므로 정상상태에서는 간도

심장도 어느 일정한 크기로 유지되어 있으며 몸의 모든 기관은
특유한 세포군으로 구성되어 각각의 기능을 영위하고 있다.

암세포의 이상한 성질은 유리용기 속에서 배양하는 세포에서
도 관찰할 수가 있다. 몸속의 세포를 끄집어내어 적당한 영양
물이 들어있는 유리용기 속에 넣어서 따뜻한 장소에 두면 세포
는 계속 생존하며 분열한다. 이것이 세포배양이다. 세포는 보통
유리표면에 달라붙어 증식한다. 그리고 증식한 세포가 유리면
을 온통 뒤덮어 버리면 여기서 분열이 멎는다. 「분열중지」의
신호가 어딘가에서 나오는 모양이다.

그런데 암세포를 유리용기 속에서 배양하면 암세포는 유리면
을 모조리 뒤덮은 뒤에도 계속하여 자꾸만 증식하여 세포끼리
겹쳐지고 포개어져 덩어리를 형성한다.

그 원인으로는 아무래도 암세포와 정상세포에 있어서 세포
표면에 커다란 차이가 있는 것 같다. 정상세포는 점착성이 강
하여 세포끼리 접근하면 밀착하게 되고, 서로 접착하면 콘택트
인히비션(contact inhibition)이라 하는 분열중지 신호가 나오
는 것 같다.

그런데 암세포의 경우는 세포 표면의 접착력이 약하여 서로
간섭하지 않는다. 그래서 각각의 암세포는 제멋대로 분열하여
멋대로 세포집단으로부터 떨어져나가거나 한다. 몸속에서 이런
일이 일어나면 암세포의 커다란 덩어리 즉, 종양이 생기고 또
다른 장소로 전이하게 된다.

암유전자

대개의 경우 암은 단 한 개의 세포가 미쳐버린 결과로 일어

나는 것이라 생각되고 있다. 그렇다면 어떤 메커니즘으로 세포가 암화되도록 세포가 미쳐버리는 것일까?

암을 일으키는 세 가지 악당은 화학물질, 방사선, 바이러스라고 말한다. 발암의 중요한 실마리는 이 중에서도 바이러스로부터 얻어졌다.

암을 일으키는 바이러스가 발견된 것은 매우 오래 전의 일로서 1910년에 라우스(F. P. Rous)에 의해서였다. 그러나 이 발견의 중요성은 오랫동안 인정을 받지 못하다가 1966년이 되어서야 겨우 인정되었고, 이것으로 라우스는 노벨 의학생리학상을 받았다. 그때 라우스는 85살이었다고 한다. 이래서는 상금을 쓸만한 겨를도 없었을 것이다.

암을 일으키는 바이러스는 유전자로서 DNA 대신 RNA 갖고 있으며 레트로바이러스(retrovirus)라고 불린다. 이 바이러스는 닭, 쥐, 고양이 등 여러 가지 동물에서 발견되고 있는데, 인간에게서 현실로 일어나고 있는 암은 거의가 레트로바이러스가 아닌 것 같다. 인간의 암은 주된 원인이 화학물질에 있는 것 같다.

바이러스는 몇 개의 유전자를 지니고 있는데 그중 하나가 암을 일으키는 작용을 갖고 있다. 이것이 암유전자 또는 온코진(oncogene)이라 불리는 유전자이다. 그런데 인간의 자연발생 암세포로부터도 비슷한 성질의 암유전자가 발견되었다.

암유전자를 만드는 단백질

암유전자는 어떤 단백질의 유전정보를 지니고 있다. 암유전자가 번역되어 만들어진 단백질은 정상세포를 암화한다. 그러므로 이 단백질을 연구하면 발암에 관한 수수께끼가 풀려질 것 같다. 그러면 암유전자는 어떤 단백질을 만들까?

현재까지 암유전자는 20종류 이상이 발견되었다. 이것들이 만드는 단백질을 조사해 보면 몇 개의 그룹으로 나눌 수 있다. 하나는 단백질을 인산화 하는 효소이다.

이를테면 라우스가 발견한 바이러스의 발암유전자가 만드는 단백질은 분자량 6만 정도의 것으로 단백질 속의 티로신을 인산화하며 세포를 감싸는 막 속으로 들어가는 성질을 지니고 있다. 그러므로 숙주세포의 막으로 끼어들어, 세포의 내부에 얼굴을 내밀고 여러 가지 단백질의 티로신을 인산화 한다. 그렇게 하면 이들 단백질의 성질에 변화가 일어난다.

그 결과 세포 표면의 성질이 바뀌거나 세포의 활동에 변화가 생기는 것으로 상상된다. 여기서도 티로신의 인산화라고 하는 번역 후 수식반응이 중요한 열쇠가 된다. 그러므로 이 인산을 효소를 사용하여 잘 제거할 수 있으면 암세포를 정상으로 되돌려 놓을 수 있을지도 모른다.

티로신의 인산화와 관련하여 매우 흥미로운 것은 세포 성장인자와의 관계이다. 세포 성장인자라는 것은 세포의 분열을 촉진시키거나, 세포의 형태를 크게 하는 작용을 가진 단백질로서 매우 미량으로도(1㎖당 1㎍ 이하의 농도로도 효과가 있다고 한다) 효과를 나타내는 것이 보통이다. 참고로 말하면 1986년도의 노벨 의학생리의학상은 세포성장인자의 발견자인 레비 몬탈치니(R. Levi-Montalcini)와 코엔(S. Cohen)에게 주어졌다.

세포 성장인자의 하나에 EGF(상피성장민자)가 있다. 이 인자는 여러 가지 조직에 있는데, 특히 숫쥐의 악하선(額下腺)에 다량으로 있기 때문에 여기서부터 추출되어 많이 연구되며, 이것은 분자량 6,000정도의 작은 단백질이다. 세포의 막에는 특정의 세포성장인자와 결합하는 단백질U(receptor라고 한다)이 존재하여 세포 성장인자는 먼저 이 리셉터(수용기)와 결합한다. 그러면 세포 속으로 어떤 신호가 보내어져 세포의 활동이 활발해지는 것 같다

EGF의 리셉터 단백질을 조사해 보면 티로신을 인산화 하는 활성을 지니고 있다. 즉, 어떤 종류의 암유전자가 만드는 산물과 매우 닮아 있는 것이다. 아니 닮았다기보다 어떤 암유전자가 만드는 단백질은 EGF리셉터 바로 그것이라고 말하고 있다.

한편으로 다른 암유전자가 만드는 단백질은 어떤 세포 성장인자 자신과 관계가 있는 것 같다. PDGF(혈소판 유래 성장인자)라고 하는 세포 성장인자는 두 개의 서브유닛으로 구성되는 단백질인데, 어떤 암유전자의 산물은 PDGF의 서브유닛과 완전히 동일한 단백질이라는 것이 밝혀져 있다.

이와 같이 암세포가 왜 무질서하게 분열하여 증식하는지는 암유전자를 만드는 단백질과 세포 성장인자 및 그 리셉터와의 관계로부터 이해될 수 있다.

암유전자와 흡사한 유전자 프로토온코진

한편, 매우 흥미로운 일은 암유전자(온코진)와 흡사한 유전자가 실은 정상적인 동물의 세포에도 존재하고 있다는 것이 발견된 것이다. 정상동물세포의 이 유전자는 프로토온코진(protooncogene)이라고 불린다.

암유전자 온코진과 정상동물의 프로토온코진과는 어떤 것이

온코진과 프로트온코진은 사소한 차이가 있을 뿐이다

다른가 하면 아주 사소한 차이뿐이다. 이를테면 라우스 육종바이러스의 온코진과 그것에 대응한 프로토온코진의 경우, 모두 6,000개의 아미노산 중 20군데가 치환되어 있는데 지나지 않다. 그 중에는 염기 한 개가 차이나는 것도 있다고 한다.

이 차이가 매우 중요하다. 라우스 육종바이러스에 대응한 프로토온코진의 경우, 설사 그것이 표현되더라도 그 단백질의 티로신 인산화의 능력은 온코진이 만드는 단백질의 인산화 작용에 비교하여 훨씬 낮고 발암작용이 없다고 한다.

프로토온코진이 어떠한 원인 즉, 화학물질이나 방사선 등에 의해 돌연변이가 일어나면 인산화 활성이 상승하는 등 그 산물의 단백질 성질이 바뀌거나, 합성이 조절되지 않아 함부로 합성되어 암이 유발되는 것이라고 생각되고 있다.

프로토온코진은 인간에서부터 해면(海綿)동물과 같은 하등생물에 이르기까지 널리 존재해 있다고 한다. 레트로바이러스 속의 온코진도 애당초 바이러스가 지니고 있었던 것이 아니라 동물에서부터 도입된 것 같다.

어쨌든 인간에게 있어서 가장 무서운 병인 「암」의 발생에는 역시 단백질이 관계하고 있는 것이다.

암의 전이

암세포의 또 한 가지 특정은 암이 발생한 장소로부터 나와 멀리 떨어진 다른 조직으로 옮겨가고 거기서 다시 종양을 만드는 성질, 즉 전이(轉移)하는 성질이다. 암이 무서운 것은 바로 이 전이성이며, 전이만 하지 않는다면 외과요법이나 방사선 치료로 암세포를 죽일 수가 있지만 알아채기 전에 몸의 여기저기로 전이하여 버리기 때문에 현대의학으로도 손을 들고 만다.

암세포의 전이와 관계가 있을만한 단백질로는 피브로넥틴(fibronectin)과 라밀린(lamilin) 등의 세포접착성 단백질이 주목을 받고 있다.

세포의 암화와 함께 없어지는 피브로넥틴

피브로넥틴에 대해서는 앞에서 설명하였지만 세포 표면이나 혈액 중에 있는 단백질로서 여러 가지 생체분자와 결합하는 성질을 갖는다. 영국(당시)의 하인즈, 미국의 하코모리, 핀란드(당시)의 루오스라티는 1973년부터 1974년에 걸쳐서 각각 독립적으로 피브로넥틴은 정상세포의 표면에 존재하며, 세포의 암화와 더불어 없어져 버린다는 사실을 발견했다.

피브로넥틴은 세포의 표면에 결합하는 외에 콜라겐이나 그 밖의 생체 고분자와 결합하는 성질을 가지고 있다. 피브로넥틴의 분자 속에는 세포와 결합하는 부위, 콜라겐과 결합하는 부위 등이 도메인구조를 형성하여 배열하고 있다고 한다.

세포를 용기 속에서 배양하면 보통 벽면에 밀착하고, 이 곳을 발판으로 하여 증식한다. 몸속에서 세포의 발판이 되고 있는 것은 콜라겐이다. 피브로넥틴은 세포와 콜라겐을 접착하는 「접착제」 구실을 하는 단백질이다.

암세포에서는 세포 표면의 피브로넥틴이 소실된다. 따라서 암세포가 발판을 벗어나서 일정한 목표도 없이 나가 다른 곳으로 전이하는 성질을 잘 설명할 수 있다.

라밀린

암세포가 다른 곳으로 전이할 때는 보통 먼저 기저막(基底膜)이라는 장벽을 통과하여 모세혈관 속으로 들어가 다른 곳으로 운반되고, 다시 모세혈관의 벽을 깨뜨리고 밖으로 나간다. 그러므로 기저막이나 모세혈관의 벽에 달라붙어서 그것을 찢어놓는 성질이 암의 전이성과 깊은 관계가 있다고 말한다. 그리고 이것에 관계하는 것이 라밀린이라는 단백질이다.

라밀린도 피브로넥틴과 마찬가지로 세포와 결합하는 부위, 콜라겐과 결합하는 부위 등을 갖고 있다. 다만 콜라겐은 보통의 콜라겐이 아니고 IV형 콜라겐이라고 하는 특수한 콜라겐에만 결합한다. 기저막이나 모세혈관 벽의 주체는 이 IV형 콜라겐이며 라밀린도 구성요소로서 포함되어 있다.

세포의 표면에는 라밀린과 결합하는 특별한 장소가 있으며, 이것은 라밀린 리셉터라고 불리고 있다. 이것의 본체는 단백질이다.

미국의 리오트들은 라밀린 리셉터를 연구했다. 그들에 의하면 암세포와 정상세포는 라밀린 리셉터의 수와 상태에서 차이가 발견되었다고 한다. 즉, 암세포의 표면에는 속이 빈 라밀린 리셉터가 많이 있다. 특히 전이력이 강한 세포일수록 속이 빈 라밀린 리셉터의 수가 많다고 한다. 그러므로 이 리셉터를 통하여 모세혈관이 벽 등에 달라붙기 쉽게 되어 있는 것이 아닐까라고 상상된다.

피브로넥틴, 라밀린 또는 관계가 비슷한 단백질을 연구함으로써 암의 전이를 방어하는 방법이 발견될지도 모른다.

암이 되면 세포 표면의 피브로넥틴이나 라밀린 리셉터의 수와 상태가 왜 바뀌는 것일까? 현재로서는 아직 모르지만 암유전자와의 관련도 결국 밝혀질 것이라고 생각된다.

8-3. 콜라겐과 질병

콜라겐은 전신에 있다

콜라겐은 동물의 대표적인 구조단백질이다. 앞에서도 설명하였듯이 뼈, 치아, 연골, 피부, 힘줄, 혈관 벽 등의 기관에 대량으로 있다. 즉, 몸 전체와 장기를 지탱하고, 보강 결합하고, 경계면을 만들고 있다. 심장, 간, 뇌 등의 장기에도 양은 적지만 콜라겐이 있으며, 형태와 혈관을 만드는 동시에 세포군의 발판이나 경계면을 형성하는 역할을 지니고 있다.

요즈음에는 콜라겐이 화장품에 사용되거나 하여 그 이름을 알고 있는 사람들이 많아졌다. 그러나 콜라겐은 아주 옛날부터 이용되어 왔다. 동물의 가죽을 여러 가지로 사용해 왔고, 콜라겐을 가열하여 녹인 젤라틴(gelatin)은 아교, 식품, 사진필름 등에 사용되어 왔다. 오늘날에는 몸과 친숙하기 쉬운 재료로서 인공혈관, 인공피부 등의 제조에 여러 가지로 응용이 연구되고 있다.

콜라겐은 피부나 힘줄 등에서는 섬유를 만들고 있다. 이 섬유는 콜라겐의 분자가 규칙적으로 집합한 것이다. 콜라겐 분자는 분자량이 약 30만이고, 분자량 10만의 사슬이 세 가닥 모여서 복합 세 가닥 나선구조를 만들고 있다.

이와 같은 일은 1960년대에 알게 되었다. 연구에 흔히 사용된 재료는 쥐의 가죽과 꼬리, 물고기의 부레 등인데 어느 동물의 어느 기관의 콜라겐도 같을 것이라고 학자들은 암암리에 이해하고 있었다.

콜라겐의 다양성

1969년에 미국의 밀러들은 지금까지 아무도 손을 대지 않았던 연골의 콜라겐을 조사하던 중 이 콜라겐은 피부나 뼈의 콜라겐과는 전혀 다른 아미노산 배열순서를 가졌다는 것을 발견했다. 즉, 다른 유전자의 산물인 것 같았다. 그래서 지금까지 잘 연구되어 있던 뼈나 힘줄의 콜라겐을 Ⅰ형이라 부르고, 새로이 연골에서 발견된 콜라겐을 Ⅱ형이라고 부르게 되었다.

이것이 계기가 되어 연달아 새로운 형의 콜라겐이 발견되었다. 혈관 벽이나 배 속에서 태아를 감싸는 양막(羊膜)에는 Ⅲ형이, 기저막에는 Ⅳ형으로 명명된 콜라겐이 발견되었다. 신형 콜라겐의 탐색은 섬유 상태에서 현재는 Ⅹ형, Ⅺ형까지 발견되어 있다고 한다.

도대체 어떤 더 많은 형이 있을까? 1986년의 일본결합조직학회(日本結合組織學會)에서 하버드 대학의 니노미야(二宮善文)는 이 질문에 대답하여 "아직 20종류나 30종류는 더 있을 것 같다"고 했다.

I, II, III형 콜라겐은 앙석으로 우선 중요한 콜라겐으로서 이셋은 형태도 크기도 섬유를 만드는 성질도 비슷하다. 그러나 IV형 이후의 콜라겐은 더 개성적인 것 같다. 사슬이 긴 것도 있고 짧은 것도 있으며, 세 가닥의 나선구조가 하나로 이어져 있지 않고, 나선을 형성하고 있지 않은 영역이 중간에 끼어들기도 한다.

각각의 콜라겐이 어떤 역할을 분담하고 있는지는 잘 모르지만 몸속의 다양한 조직이나 기관의 형성에는 저마다 특정한 콜라겐의 조합이 필요한 것으로 생각되고 있다.

어떤 형의 콜라겐이 형성되지 않는 질병

골형성부전증(骨形成不全症)이라는 유전성 질병이 있다. 이 환자의 뼈는 기계적으로 매우 약하다. 즉, 부러지기 쉽다. 배 속의 아기가 발증을 하면 해산때부터 몇 군데나 골절되어 태어난다. 또 어떤 경우에는 커서 사춘기 무렵에 증상이 나타나는 사람도 있다.

이 환자의 세포를 배양하여 조사해 보니, I형 콜라겐을 잘 합성하지 못한다는 사실을 알았다. 따라서 I형 콜라겐으로 되어 있는 뼈에서는 콜라겐의 양이 부족하여 기계적으로 약하게 되는 것으로 생각된다.

한편, III형 콜라겐이 만들어지지 않는 병이 있다. 엘러스-단로스(Ehlers-Danlos) 증후군이라는 한 무리의 병은 피부, 힘줄, 관절, 혈관 등에 이상이 생기는 유전병인데, 그 원인의 하나는 III형 콜라겐이 잘 만들어지지 않기 때문이다. 이 환자에서는 피부가 얇게 비쳐 보이고 또 혈관이나 소화관이 약하여 쉽게 파열된다.

프로세싱 이상에 의해 일어나는 질병

콜라겐의 합성과정에는 여러 가지 프로세싱이 포함된다는 것을 앞에서 설명했다. 즉, 콜라겐의 사슬은 먼저 프로콜라겐이라는 길다란 사슬로서 합성되고, 그 다음에 여분의 사슬이 잘려 나간다. 또 프롤린을 수산화하여 히드록시프롤린으로 바꾸는 등의 번역 후 수식반응을 받는다. 이와 같은 프로세싱에 이상이 있으면 여러 가지 증상이 나타난다.

엘러스-단로스 증후군의 다른 형은 프로콜라겐의 여분의 펩티드 부분에 절단이 잘 진행되지 않기 때문에 일어난다. 그 결과 이상 콜라겐이 조직 속에 축적되어 버린다. 이 환자는 특히 관절에서 두드러진 이상을 볼 수 있다고 한다.

지금까지의 예는 선천성 콜라겐 대사이상증(代謝異常症), 즉 선천적으로 일어나는 병이었다. 그러나 영양장애 등으로 프로세싱이 잘 되지 않아 장애가 일어나는 경우가 있다. 대표적인 예는 괴혈병(壞血病)이다. 괴혈병은 치아나 점막으로부터 출혈이 나는 병으로 이것은 혈관이 약해져 있기 때문이다. 괴혈병은 아스코르브산(ascorbic acid)—즉, 비타민 C가 부족하여 일어난다는 사실이 잘 알려져 있다. 아스코르브산은 콜라겐의 프롤린의 수산화반응에 필요한 물질이다. 그러므로 아스코르브산이 결핍되면 프롤린으로부터 히드록시프롤린으로의 변환이 잘 안 된다. 앞에서 말했듯이 히드록시프롤린이 만들어지지 않으면 체온의 온도에서는 안정한 삼중나선구조가 형성되지 않는다. 그러므로 결국은 콜라겐이 부족하여 혈관을 비롯하여 뼈, 치아 등의 조직에 장애가 나타난다.

콜라겐이 지나치게 파괴되어 일어나는 질병

이와 같이 콜라겐의 양이 부족하면 온몸의 여러 곳에서 장애가 일어나게 되는데 양이 부족한 원인은 합성부족, 공급부족만은 아니다. 콜라겐이 지나치게 파괴되기 때문에 일어나는 일도 있다.

이를테면 만성 관절류머티즘이다. 류머티즘 환자는 관절이 굳어져서 움직이지 못하거나 아파한다. 이 관절에서는 뼈나 연골의 콜라겐이 자꾸 파괴되고 있는 것이다. 관절 류머티즘의 원인은 명확하지 않은 듯하나, 콜라겐을 파괴하는 효소의 레벨이 비정상적으로 상승하여 병의 증상을 진행시킨다.

다른 예로는 조기파수(早期破水)가 있다. 모친의 배 속에 있는 아기는 양막(羊膜)이라는 막에 감싸여 있는데 이 양막의 주성분도 콜라겐이다. 임신 10개월이 되면 진통이 일어나고, 이윽고 양막이 터져서 아기가 태어난다. 그런데 달이 차기 전에 양막이 터져버리는 일이 있다. 이것이 조기파수이다.

조기파수가 일어나면 임산부도 아기도 감염의 위험에 노출되고 조산이 되어 미숙아가 태어나거나 한다. 조기파수 된 양막을 조사해 보면 콜라겐의 양이 이상하게 적어져서 기계적으로 약해져 있다. 양막의 콜라겐은 주로 I형, III형, V형으로 이루어져 있는데, 이 중에서도 III형 콜라겐의 양이 두드러지게 감소하고 있다. 즉, III형 콜라겐만이 특이하게 파괴되어 있는 것이다.

콜라겐이 지나치게 만들어지는 질병

우리의 몸은 상처를 입으면 열심히 고치려고 한다. 대부분의 경우 이 장소에서 세포는 콜라겐을 많이 합성한다. 상처가 심할 경우에는 합성된 콜라겐이 상처를 메우듯이 남겨진다.

심한 화상을 입은 뒤에는 피부가 딱딱하게 솟구쳐 오른다. 이것을 비후성반흔(肥厚性瘢痕)이라고 하는데, 이것이 한 예이다.

간에서도 기본적으로 같은 일이 일어난다. 과음하면 간에 상처가 생긴다. 가벼우면 원상으로 돌아가지만 심하면 원상으로 돌아가지 못하고 콜라겐이 상처자리를 메운다. 이렇게 하여 콜라겐이 차츰차츰 축적되어 간이 딱딱하게 굳어진 것이 간경변(肝硬變: 간섬유증)이다. 이렇게 되면 축적된 콜라겐을 제거하는 좋은 방법이 발견되지 않았기 때문에 치료가 곤란하다.

과음은 조심해야 한다. 하기는 간경변의 원인이 알코올만은 아니다. 다른 화학물질이나 바이러스도 원인이 된다.

콜라겐의 지나친 합성에 의한 질병은 다른 장기에서도 볼 수 있다. 이를테면 폐섬유증(肺纖維症), 동맥경화 등이 그것이다.

이와 같이 콜라겐은 지나치게 합성되어도 합성이 부족해도 또 지나치게 분해되어도 병이 일어나며, 이상분자가 생겨도 병이 된다. 이것은 굳이 콜라겐에 국한되는 일은 아니며, 단백질 일반에 대하여도 할 수 있는 말로서 단백질이 우리 몸에 있어서 얼마나 중요한 것인가를 가리키고 있다.

8-4. 수수께끼의 병원체 프리온

분자생물학의 센트럴 도그마에 파탄?

고등생물에서부터 바이러스에 이르기까지 지구 위의 모든 생물은 핵산과 단백질을 지니고 있다. 그리고 유전정보는 핵산(대부분의 경우는 DNA, 바이러스 중의 어떤 것은 RNA) 속에 수용되어 단백질로서 표현된다. 분자생물학의 센트럴 도그마(중심설)는 보편적이고 정당한 것으로서 받아들여져 왔다.

그런데 「핵산을 갖지 않은 단백질만의 생물」 프리온(prion) 발견이 전해졌다. 거짓말 같은 이야기지만 어쩌면 사실일지도 모른다. 사실이라면 대발견이다.

프리온은 미국의 프루시너(S. Prusiner)에 의해 발견되어 1982년에 발표되었다.

슬로우—바이러스 병

감염 후 수개월 내지 수년간의 잠복기가 있은 뒤에 발병하는 지발성 바이러스(slow virus) 감염증이라는 한 무리의 질병이 있다.

병원체를 조사해 보면, 보통의 바이러스가 발견되는 경우도 있지만 발견되지 않아 병원체를 모르는 경우도 있다. 이 병은 신경계통에 증상이 나타나는 것이 특징이며 인간에게도 이 무리의 질병이 몇 가지 알려져 있다.

이건 완전범죄야
이 사과를 먹으면
5년 후에
병이 날 테니까…

프리온은 감염하여 병이 날 때까지는 시간이 걸린다

프루시너들은 염소와 산양이 걸리는 슬로우 바이러스병인 스크레이피(scrapie)라는 병을 연구하여 이 병원체를 확인하려 했다. 그리하여 마침내 병원체라고 생각되는 입자를 발견했는데, 이것은 크기가 보통 바이러스의 100분의 1 밖에 안 되는 작은 것으로서 더구나 단백질만으로 되어 있었다. 즉, DNA도 RNA도 없었던 것이다.

프루시너는 이 입자를 동물에게 주사해 보았다. 그러자 동물은 병에 걸려 같은 증상을 나타냈고, 그와 동시에 그 동물의 뇌에서 새로운 입자가 많이 발견되었다. 즉, 이것은 아무리 보아도 단백질뿐인데도 감염을 일으키고 증식을 하는 전혀 새로운 형식의 병원체였던 것이다.

프루시너들은 이것을 프리온이라고 명명했다. 「핵산이 없는 생물」이니, 「분자생물학의 센트럴 도그마가 깨뜨려졌다」하여 센세이션을 불러일으켰다.

프리온은 어떻게 하여 증식하는 것일까? 단백질로부터 핵산이 만들어지는 「역번역(逆飜譯)」설이니, 단백질을 주형(簿型)으로 하여 직접 단백질이 만들어지는 설이 제기되었다.

프리온 유전자

그 후, 프루시너들은 프리온의 주된 단백질을 분리하여 이것의 1차 구조를 부분적으로 결정했다. 1985년에 이르러 프루시너들은 프리온 단백질의 1차 구조로부터 상상했던 유전자의 일부를 합성하여, 이것과 닮은 구조가 동물의 유전자 속에 있는지 없는지를 찾아보았다.

앞에서 말했듯이, DNA사슬은 상보적인 염기배열의 사슬과 이중나선을 형성하는 성질을 가지고 있으므로 이것을 이용하여 인공적으로 합성한 DNA와 같거나, 매우 비슷한 염기배열을 한 것이 있는지 없는지를 찾을 수가 있다. 그 결과 감염된 햄스터(hamster) 세포의 유전자 속에 프리온 유전자와 같은 것이 있다는 것이 발견되었다. 그리고 더욱 놀라운 일은 감염하지 않은 정상동물의 세포 속에도 이 유전자가 존재하고 있다는 것이다.

다만 정상세포에서는 프리온 유전자의 산물인 단백질이 파괴되기 쉽고 곧 분해되어 버리는 것 같다. 한편 감염된 동물에서는 이 단백질이 어떤 무엇으로 수식되어 있고, 단백질 분해효소의 작용을 받기 어렵게 되어 있어서 그 결과로 입자로서 발견되는 것이 아닌가라고 상상되고 있다.

그런 까닭으로 역번역이라든가, 직접적으로 단백질이 단백질의 주형으로 되는 따위의 새로운 메커니즘에 대한 꿈은 사라지고 말았다.

그러나 핵산을 포함하지 않는 단백질만의 프리온 입자가 왜 감염을 일으키는지는 여전히 수수께끼로 남아있다.

인간이 걸리는 슬로우 바이러스 병

인간이 걸리는 지발성 바이러스 병에 구루병(何信病)이라는 것이 있다. 이것은 뉴기니아의 고지대 민족에게서 볼 수 있는 뇌의 병으로서 사람을 잡아먹는 습관에 의해 번졌다고 생각되고 있다. 최근에는 식인의 금지와 더불어 감소하고 있다고 한다.

크로익펠트-야곱(croicfelt-Jacob)병은 노인성치매(老人性痴呆)의 일종이라고 생각되는 병으로 세계 각지에서 볼 수 있다. 인구 100만 명에 1.5~5인 정도의 사람이 걸린다고 하는 매우 드문 병이다. 이 병은 뇌 외과수술 때 수술용 기구 등을 통하여 감염이 인정된 예가 있다. 프리온에 의한 것 같다.

한편 더 많은 사람들이 걸리는 노인성치매로 알츠하이머(Alzheimer)병이 있다. 이 병도 프리온에 의한 감염 때문이라는 설이 있어 논의되고 있다.

제9장
단백질 속에 멜로디가 있다

DNA 멜로디

제9장은 말하자면 놀이라고나 할까, 일종의 부록과 같은 것이어서 편한 마음으로 읽어주기 바란다. 그러나 단백질을 멜로디로 바꾸는 이야기는 이 책에만 실려 있는 독특한 얘기일 것이다.

이야기의 시작은 「DNA 음악」이다. 이미 설명하였듯이(제5장) 유전자의 본체인 DNA에 있어서 유전정보는 아데닌(A), 구아닌(G), 시토신(C), 티민(T) 네 가지 염기의 배열순서로서 저장되어 있다. 염기배열을 음부(音符)로 바꾸어 보았으면 하는 기발한 아이디어가 일본의 과학자에 의하여 제안되었다. 1984년의 일로서, 일본 국립암센터의 하야시(林) 씨와 무나카타(宗像) 씨에 의한 것이다.

DNA의 염기배열을 컴퓨터에 입력시킬 때의 단조롭고 지루한 작업의 고통을 줄여보기 위해 착상했다고 한다. 약간의 이유가 있어서 구아닌을 「레」, 시토신을 「미」, 티민을 「솔」, 아데닌을 「라」에 대응시켜 보았다. 이렇게 하여 어떤 효소단백질(EcoRI 이라는 효소. DNA의 제한효소의 하나)의 일부 영역에 있는 염기배열을 음부로 바꾸어서 연주를 해 보았더니, 약간 애조를 띤 무언가 호소하는 듯한 느낌의 매력적인 멜로디가 얻어졌다고 한다.

여러 가지 반향이 있었는데, 이를테면 티민을 「미」, 구아닌을 「솔」, 아데닌을 「라」, 시토신을 「도」로 하는 것이 좋겠다는 제안도 있었다고 한다. 이렇게 하면 인슐린의 유전자는 「행복하고 부지런한 듯한」 멜로디가 된다는 것이다.

사흘 밤을 꼬박 세워도 아직 배열이 결정되지 않는단 말이야. 우울해지기도 하지.

어떤 유전자의 염기배열을 음부로 바꾸었더니 우울한 멜로디가 되었다고 한다

생물이 지니는 반복구조

미국에 있는 유전학자 오노(大野乾) 씨는 DNA 멜로디를 더욱 발전시켰다. 오노 씨는 진화가 유전자의 중복에 의해 일어났다는 설을 제창하고 있는 사람이다.

그에 따르면, 생물이 살고 있는 환경에는 여러 가지 주기가 있다. 예를 들면 지구의 자전에 의한 하루라는 주기, 지구가 태양 주위를 일주하는 1년이라는 주기 등이다. 이와 같은 환경에 사는 생물은 그 몸속의 여러 가지 메커니즘도 또 주기를 갖게 되었다고 한다. 수면, 식사, 여성의 생리 등 헤아리자면 한이 없다.

새의 지저귐에도 멜로디의 반복이 있다. 이러한 「주기」가 있

는 소리를 사람들은 아름답게 느낀다고 한다.

DNA의 염기배열에서도 또 반복을 볼 수 있다. 오노씨는 근본이 되는 염기배열로부터 카피(copy)가 만들어지고, 이것들이 진화과정에서 조금씩 바뀌어져, 이윽고 새로운 기능을 가진 다른 유전자가 되는 것이라고 생각하여 유전자의 중복에 의한 진화설을 제창했다. 그리ㄱ 이러한 DNA의 싱법은 「같은 멜로디나 비슷한 멜로디의 반복에 의한 구성」이라고 하는 작곡의 원리와도 같다고 말했다.

오노 씨는 아데닌을 「레」와 「미」, 구아닌을 「파」와 「솔」, 티민을 「라」와 「시」, 시토신을 「도」와 「레」에 대응시켰다. 각 염기에 두 개씩의 음을 대응시키므로 1옥타브를 충족시킬 수가 있었다. 아데닌과 구아닌은 크기가 크기 때문에 저음으로 하였다고 한다. 두 개의 음중 기본적으로는 낮은 음을 사용하고, 멜로디의 연속성으로 보아 아무래도 좋을 때는 높은 음을 쓰기로 했다.

이렇게 하고 보니 새앙쥐의 항체 단백질의 유전자 배열은 소나타 형식과 흡사하며, 실제로 연주를 해보니 우울한 무드의 곡이었다고 한다.

또 한편에서는 바흐와 모차르트, 쇼팽의 명곡을 DNA의 염기배열로 바꾸어 놓아보았다고 한다. 쇼팽의 장송행진곡 제3악장은 암유전자의 일부와 흡사하더라는 것이다.

아미노산 배열순서를 멜로디로

그런데 필자는 단백질의 아미노산 배열순서를 멜로디로 바꿀 것을 제안하고 싶다.

도	레	미	파	솔	라	시
Tyr	Val	Ala	Pro	Ser	Asp	Arg
Phe	Leu	His		Asn	Glu	Lys
Trp	Ile	Cys		Gln		
		Met		Gly		
				Thr		

〈그림 9-1〉 아미노산을 음부로 바꾼다

DNA의 경우, 염기는 4종류 밖에 없고, 이대로는 1옥타브를 채울 수가 없어 불만이다. 억지로 채우려고 하면 무리한 조작을 해야만 한다. 또 아데닌, 구아닌, 시토신, 티민은 순서를 부여하기 어렵고, 도레미파솔라시도로 배당하는 데도 그다지 이치를 설명할 수가 없다.

그런데 단백질의 아미노산은 20종류가 있기 때문에 옥타브를 채우기에는 충분하다. 이번에는 도리어 남아버리는 셈이지만 아스파르트산과 글루탐산처럼 닮은 것은 하나의 음으로 한다. 그래서 아미노산을 물과 친숙하기 쉬운 순서로 배열하고 또 전하 등의 성질도 고려하여 7개의 그룹으로 나눈다(그림 9-1). 이것을 도레미파솔라시도에 적용시켜 본다.

소수성이 강한 것을 아래로 하느냐, 친수성이 강한 것을 아래로 하느냐에는 두 가지 방법이 있다. 이유는 특별히 없으나 가령 전자를 좇아서 인슐린의 B사슬을 멜로디화하면 〈그림 9-2〉와 같이 된다.

(스즈키 편곡)

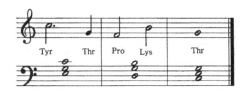

〈그림 9-2〉 사람 인슐린 B사슬의 곡

필자는 완전히 음치이기 때문에 도쿄농공대학(東京農工大學)의 필자 연구실에 있는 스즈키(鈴木敦) 씨가 편곡해 주었다. 이 곡을 연주하여 보면 그런대로 좋은 멜로디가 된다.

아미노산의 배열순서는 DNA의 염기배열순서가 바탕이 되어 결정된다. DNA의 염기배열순서가 기분 좋은 멜로디로 되는 것이라면, 아미노산의 배열순서도 같을 것이라는 의견이 있을지 모르지만 두 멜로디의 의미는 매우 다를 것으로 생각한다.

친수성이 가장 강한 아르기닌과 리신을 단백질 멜로디에서는 같은 음으로 했다. 그러나 〈그림 5-6〉의 유전암호표를 보면 알 수 있듯이, 아르기닌과 리신의 유전암호 사이에는 특별한 관련이 없다. 한편 유전암호로부터 말하면 리신과 아스파라진은 닮았지만 단백질의 멜로디화에 있어서는 전혀 다른 음이 된다. 아미노산의 소수성의 정도와 유전암호 사이에는 관련성이 없기 때문이다.

단백질의 멜로디는 사슬 중에서의 소수성 부분과 친수성 부분의 변천을 나타내고 있으며, 결국에는 단백질의 입체 구조와 깊은 관련이 있을 것이다. 멜로디에 기분 좋은 반복이 있으면 그것은 단백질의 소수성 부분과 친수성 부분의 존재에 반복이 있기 때문이며, 사슬이 차곡차곡 잘 접혀져서 공 모양의 구조를 만드는 것과 관계가 있을 것이다. 단백질 중에는 아미노산의 배열순서가 다른데도 형태나 기능이 닮은 것이 있다. 이와 같은 단백질의 멜로디는 서로 닮았을는지도 모른다.

단백질의 아미노산 배열순서는 그 기능과 직접으로 관계되는 점에서 DNA의 염기 배열순서보다 현실적인 면이 있다. 예를 들면 DNA 속의 염기 한 개만이 탈락하는 것과 같은 돌연변이가 일어나는 일이 있는데, 한 개가 탈락하면 그 이하의 암호가 한 개씩 제자리에서 벗어나기 때문에 아미노산의 배열순서가 엉망으로 바뀌어져 버린다. 이와 같은 돌연변이로는 DNA의 염기배열 멜로디에서 큰 차이가 나타나지 않지만, 단백질의 멜로디에서는 커다란 차이가 나타날 것이다. 그러므로 돌연변이의 심각성은 단백질 멜로디 쪽에 보다 잘 반영될 것이다.

사실 우리는 단백질의 아미노산 배열 멜로디화를 아직 매우 소수의 예에서밖에 시험하지 않았다. 이 문제에 흥미를 가지는 독자는 부디 여러 가지로 시험해 보기 바란다. 단백질의 아미노산 배열순서는 생화학의 핸드북 등에 실려 있다. 만약에 좋은 곡이 만들어지거든 연주를 해보라. 말하자면 어린이날에는 「성장 호르몬」의 곡을, 과식했을 때는 「아밀라제」의 곡을, 연인과 지내는 밤에는 무엇이 좋을까?

마지막 장

단백질 연구는 앞으로 어떻게 발전해 갈까?

먼저 가까운 미래의 단백질 연구를 생각해 보자. 단백질의 아미노산 배열순서는 그 단백질의 가장 기본적인 정보이다. 단백질 화학자는 「보다 빠르게」, 「보다 미량으로」, 「보다 정확한」 1차 구조 결정법을 개발하는 데 힘을 쏟을 것이다. 그러나 그보다도 유전자 DNA로부터의 아미노산 배열순서의 결정이 더욱 굉장한 속도로 진보해 갈 것이다. 이를테면 대장균의 전체 단백질의 아미노산 배열순서는 머지않아 결정되어 버릴 것이 틀림없다. 인간의 전체 단백질의 결정은 더 힘든 작업일 것이라고 생각하지만 불가능하지는 않을 것이다. 어떤 시산(試算)에 따르면 인간의 전체 유전자의 해독은 현재 일본에서 개발 중인 DNA 자동분석시스템을 사용하면 30년이면 가능하다고 한다. 1200억 엔(円)이 든다고 하는데, 돈으로만 말한다면 경제대국 일본으로서 염출할 수 없는 금액은 아니다.

한편, 여러 가지 단백질의 입체구조 해석도 지금 이상으로 가속화할 것이다. 여태까지의 연구 주류는 결정화한 단백질의 X선에 의한 해석이었다. 결정이라고 하면 딱딱한 것이라는 느낌이 들지만 사실은 물에 녹아있는 단백질의 참모습은 해파리나 푸딩(pudding)과 같은 연하고 부분 부분이 흔들리고 있는 것과 같은 이미지에 가깝다고 한다. 단백질의 입체구조를 좀더 다이내믹하게 파악하려는 연구가 활발하게 이루어지고 있다. 이것에는 핵자기공명(核磁氣共鳴: NMR)법 등이 효과적이다. 이렇게 하여 여러 가지 단백질의 자연 그대로의 모습이 밝혀져 갈 것이다.

단백질의 아미노산배열 및 입체구조에 관한 방대한 정보를 바탕으로 하여 단백질의 모델 교체나 새로운 쓸모 있는 단백질의 설계가 활발하게 이루어질 것이다.

단백질의 기능면에서부터 생각하면 종래의 주된 연구 대상은 효소였다. 효소는 생리작용을 간단하게 측정할 수 있고 작용하는 상대가 비교적 간단한 분자인 기질이며, 효소와 기질 사이의 상호작용도 단순명쾌하다. 그러나 앞으로의 연구는 생리활성이 간단하게 측정되지 않은 단백질이나 복잡한 상대에게 작용하는 단백질로 중점이 옮겨가는 것이 아닐까? 예를 든다면 세포의 증식이나 분화, 이동 등의 제어에 관계되는 단백질은 생리활성을 측정하는 일이 효소보다 훨씬 힘든 일이며, 작용하는 상대도 세포여서 효소기질보다 훨씬 더 복잡하다.

우리의 몸은 수많은 세포로 이루어져 있는데 저 마다의 세포는 제멋대로 살아가고 있는 것이 아니라, 각각이 서로 영향을 끼치며, 정보를 전달하고, 정보에 응답하고 있다. 이와 같은 세포간의 정보전달은 복잡한 메커니즘에 의하지만 그 중심적인 역할을 담당하고 있는 것은 단백질이다. 단백질의 기능연구는 단순한 상대로부터 보다 복잡하고 고차원의 현상으로 옮아가고 있다.

질병의 원인 해명, 진단, 치료, 예방 면에서도 앞으로의 단백질 연구는 중요하다. 앞에서 말했듯이 암이 발생하는 메커니즘의 해명에는 한 발자국만 더 다가서면 가능할 상태로서 결국 발암을 저지하는 효과적인 방법이 발견될 것이라고 기대된다. 효소의 결손 또는 이상에 기초하는 선천성 질병에 대해서는 효소를 보충하여 치료하려는 시도가 연구되고 있다.

음식 재료로서의 단백질 연구도 잊어서는 안 된다. 일본인의 평균수명은 80살에 가깝다. 우리는 과식, 포식시대에 살고 있다. 그러나 지구 위에는 평균수명이 40살 정도의 나라가 많이 있다. 그런 나라 사람들의 단명의 최대 원인은 영양부족—특히 양질의 단백질이 부족하다고 한다. 그러므로 양질의 식품단백질을 대량으로 생산한다는 것은 인류의 큰 과제이다.

그러면 마지막으로 훨씬 더 먼 미래를 공상해 보기로 하자. 모든 단백질의 구조나 성질이 밝혀지고 단백질의 호적이 완성된다. 여러 가지 생물현상에 대한 단백질의 역힐도 명확해신다. 그럴 때 어떤 문제가 미해결로 남아있게 될까?

그때도 알 수 없는 상태로 남아있을 문제란 아마 쉽게 실험할 수 없는 문제일 것이다.

실험이 될 수 있을 것 같지 않는 문제의 하나는 통째로의 인간에 관한 문제일 것이다. 인간에게서 취한 세포나 조직은 실험에 사용할 수 있지만 인간을 통째로 실험에 사용할 수는 물론 없다. 그러므로 하나하나의 단백질이 인간의 몸속에서 얼마만한 속도로 파괴되어 가느냐는 문제는 의외로 연구하기 어려운 일이다. 인간의 노화(老化) 등도 연구가 어려운 문제이다. 인간의 노화를 조사하는 데는 특정 사람이 어떻게 늙어 가는가를 조사하면 된다. 그러나 그런 일을 하고 있다가는 연구자도 또 그만큼 나이를 먹는다.

지구 또는 우주에 있어서의 생명이나 단백질의 탄생에 관한 문제도 실험에 의한 검증이 어려운 문제이다. 이를테면 기나긴 시간 동안에 "우연"하게 생명이 탄생했다고 하는 설이 있다. 이와 같은 설을 실험으로부터 증명하는 일도, 또는 부정하는 일도 모두 어렵다.

실험으로는 조사할 수 없는 문제에 대해서도 앞으로 과학자들은 온갖 지혜를 쏟아 다가서게 될 것이다.

단백질이란 무엇인가

생명이라는 드라마의 주연

1 쇄 1987년 10월 15일
8 쇄 2017년 12월 21일

지은이 후지모토 다이사부로
옮긴이 박택규, 손영수
펴낸이 손영일
펴낸곳 전파과학사
주소 서울시 서대문구 증가로 18, 204호
등록 1956. 7. 23. 등록 제10-89호
전화 (02)333-8877(8855)
FAX (02)334-8092
홈페이지 www.s-wave.co.kr
E-mail chonpa2@hanmail.net
공식블로그 http://blog.naver.com/siencia

ISBN 978-89-7044-065-1 (03470)
파본은 구입처에서 교환해 드립니다.
정가는 커버에 표시되어 있습니다.

도서목록
현대과학신서

도서목록

BLUE BACKS